儿童百科图谱

生物篇

动物图谱
植物图谱
古生物图谱

少年儿童出版社

目 录

动物图谱

草履虫　僧帽水母　蚯蚓　海绵　珊瑚　海葵 …… 1

蜗牛　沙蚕　蚂蟥　海牛　砗磲　珍珠贝 …… 2

乌贼　蝎　蜘蛛　蜈蚣　鹦鹉螺　章鱼 …… 3

鲎　磷虾　对虾　龙虾　虾蛄　寄居蟹 …… 4

招潮蟹　梭子蟹　海星　高脚蟹　河蟹　海胆 …… 5

海参　白蚁　竹节虫　蜻蜓　螳螂　蜚蠊 …… 6

蚱蜢　蝗虫　蟋蟀　螽斯　蝼蛄　蝉 …… 7

萤火虫　田鳖　草蛉　步行虫　龙虱　七星瓢虫 …… 8

谷象　天牛　金龟子　蜣螂　独角仙　跳蚤 …… 9

家蚕　尺蛾　粘虫　菜粉蝶　地老虎　凤蝶 …… 10

金小蜂　蜜蜂　赤眼蜂　蚂蚁　蛱蝶　胡蜂 …… 11

肺鱼　鲨　鳐　蝠鲼　矛尾鱼　双髻鲨 …… 12

灯笼鱼　鳓鱼　凤鲚　鲟　大麻哈鱼　白鲟 …… 13

鲤鱼　泥鳅　银鱼　金鱼　鲫鱼　鳗鲡 …… 14

斗鱼　海马　狗鱼　飞鱼　弹涂鱼　神仙鱼 …… 15

带鱼　真鲷　大黄鱼　黄鳝　金枪鱼　塘鳢鱼 …… 16

鲫鱼　比目鱼　旗鱼　松江鲈鱼　乌鳢　鲳鱼 …… 17

河豚　鮟鱇　翻车鱼　箱鲀　蝶鱼　绿鳍马面鲀 …… 18

锯齿鲑　大鲵　蓑鲉　负子蟾　雨蛙　蟾蜍 …… 19

跳蛙　树蛙　牛蛙　弹琴蛙　哈士蟆　青蛙 …… 20

海蛙　梭皮龟　象龟　海龟　玳瑁　豹纹龟 …… 21

赤链蛇　蟒蛇　银环蛇　眼镜王蛇　扬子鳄　鳖 …… 22

避役　海蛇　响尾蛇　竹叶青蛇　壁虎　蝮蛇 …… 23

鳄蜥　飞蜥　鸵鸟　石龙子　巨蜥　绉蜥 …… 24

企鹅　信天翁　王企鹅　几维　鹈鹕　鸬鹚 …… 25

鲣鸟　军舰鸟　白鹭　火烈鸟　鸬鹚　朱鹮 …… 26

鸳鸯　天鹅　鸿雁　绿头鸭　鹅　家鸭 …… 27

褐马鸡　鸢　红脚隼　雷鸟　秃鹫　鹌鹑 …… 28

原鸡　白冠长尾雉　雉鸡　红腹锦鸡　孔雀　家鸡 …… 29

吐绶鸡　丹顶鹤　鹦鹉　鸽　银鸥　金鸻 …… 30

猫头鹰　蜂鸟　翠鸟　阿苏儿　大杜鹃　戴胜 …… 31

琴鸟　家燕　黄鹂　伯劳　啄木鸟　犀鸟 …… 32

极乐鸟　八哥　园丁鸟　画眉　喜鹊　乌鸦 …… 33

缝叶莺　黄雀　白头翁　大山雀　织布鸟　麻雀 …… 34

鸸鹋　负鼠　鸭嘴兽　树袋熊　大袋鼠　大鸨 …… 35

蝙蝠　懒猴　鼷　指猴　猕猴　刺猬 …… 36

长臂猿　山魈　穿山甲　金丝猴　狒狒　大猩猩 …… 37

飞鼠　松鼠　豪猪　跳鼠　褐家鼠　家兔 …… 38

海豚　蓝鲸　豺　狼　家犬　红狐 …… 39

大熊猫　小熊猫　黄鼬　北极熊　黑熊　鬣狗 …… 40

小灵猫　水獭　獾　大灵猫　獴　紫貂 …… 41

家猫　猞猁　猎豹　黑豹　虎　狮 …… 42

儒艮　海豹　象　马　海狗　海象 …… 43

野猪　斑马　家猪　驴　犀　角马 …… 44

骆驼　驯鹿　矮河马　羊驼　麋鹿　梅花鹿 …… 45

长颈鹿　羚羊　牦牛　绵羊　水牛　麝牛 …… 46

目　录

植物图谱

念珠藻　水绵　刺松藻　浒苔　鹧鸪菜　衣藻 …… 47
羊栖菜　紫菜　石花菜　裙带菜　海带　酵母菌 …… 48
灵芝　猴头菇　竹荪　毒菇　银耳　羊肚菌 …… 49
松萝　粗叶泥炭藓　羽枝青藓　地钱　石松　问荆 …… 50
槐叶苹　毛边光萼苔　阴地蕨　七指蕨　鸟巢蕨　桫椤 …… 51
铁树　落叶松　银杉　银杏　蕨　鹿角蕨 …… 52
马尾松　罗汉松　雪松　金钱松　水松　杉 …… 53
侧柏　木菠萝　麻黄　水杉　巨杉　桧 …… 54
杨梅　栗　榧　百岁兰　山核桃　南洋杉 …… 55
枫杨　榆　杜仲　垂柳　胡桃　桑 …… 56
榕树　菩提树　荞麦　大麻　无花果　啤酒花 …… 57
紫茉莉　九重葛　大黄　拳参　虎杖　大花草 …… 58
什样锦　老少年　菠菜　仙人球　鸡冠花　千日红 …… 59
令箭荷花　白兰花　鹅掌楸　番荔枝　含笑　玉兰 …… 60
乌药　白头翁　蜡梅　八角茴香　樟树　五味子 …… 61
乌头　华南十大功劳　牡丹　蕺菜　南天竹　胡椒 …… 62
茅膏菜　猪笼草　茶　王莲　莲　油菜 …… 63
金丝梅　罂粟　醉蝶花　卷心菜　青菜　大白菜 …… 64
悬铃木　荠菜　菘蓝　垂盆草　萝卜　檵木 …… 65
草莓　枫香　珍珠梅　海桐　紫荆　虎耳草 …… 66
月季　缫丝花　地榆　玫瑰　金樱子　槐 …… 67
山楂　木瓜　杨桃　马蹄纹天竺葵　羊蹄甲　龙牙花 …… 68
樱花　鸡爪槭　桃　樱桃　合欢　苹果 …… 69
云实　大豆　泽漆　代代花　一品红　花生 …… 70
巴西橡胶树　腰果　卫矛　枣　蓖麻　佛手 …… 71
乌桕　柚　枳　远志　橘　油桐 …… 72
杧果　枇杷　漆树　火炬树　龙眼　盐肤木 …… 73
荔枝　葡萄　黄麻　凤仙花　橄榄　苦楝 …… 74
陆地棉　金铃花　蜀葵　吊钟花　黄蜀葵　朱槿 …… 75
木芙蓉　榴莲　木槿　玫瑰茄　猴面包树　三色堇 …… 76
胖大海　可可　可拉　竹节海棠　西瓜　冬瓜 …… 77
南瓜　西番莲　四角菱　栝楼　梧桐　黄瓜 …… 78
石榴　使君子　红海榄　紫薇　红千层　罗汉果 …… 79
吊钟海棠　珙桐　青荚叶　人参　桃金娘　通脱木 …… 80
杜鹃花　山茱萸　报春花　五加　迎春　羊踯躅 …… 81
女贞　油橄榄　紫丁香　马钱子　龙胆　桂花 …… 82
栀子　夹竹桃　茜草　长春花　咖啡　萝芙木 …… 83
牵牛　牡荆　益母草　紫苏　马鞭草　丹参 …… 84
曼陀罗　一串红　酸浆　菟丝子　辣椒　肾茶 …… 85
枸杞　番茄　茄　泡桐　烟草　天仙子 …… 86
忍冬　吊灯树　凌霄　狸藻　马铃薯　车前 …… 87
紫菀　苍耳　党参　绣球　豚草　桔梗 …… 88
红花　大丽花　向日葵　菊　雪莲　大蓟 …… 89
葱　天门冬　蒜　慈姑　苦草　蒲公英 …… 90
卷丹　龙血树　郁金香　黄精　百合　萱草 …… 91
水仙　君子兰　百部　凤尾兰　射干　石蒜 …… 92
唐菖蒲　毛竹　小麦　淡竹叶　鸢尾　凤梨 …… 93
玉米　稻　甘蔗　粟　高粱　芦苇 …… 94
省藤　槟榔　椰子　油棕　薏苡　天南星 …… 95
棕榈　龟背竹　芋　巨魔芋　半夏　水浮莲 …… 96
姜黄　香蕉　鹤望兰　姜　旅人蕉　豆蔻 …… 97
扇脉杓兰　砂仁　天麻　石斛　大花美人蕉　白芨 …… 98

目 录

古生物图谱

团藻　管孔藻　中华蓼　红藻　苏柏羊齿　双扇蕨 …… 99
舌羊齿　麻黄　真蕨类　东北裂鞘叶　槭叶刺楸　红树 …… 100
圆茎本内苏铁　粗茎本内苏铁　古海草　昌都亚鳞木
　东北假苏铁　本内苏铁 …… 101
木贼　裸蕨　原始鳞木　科达树　拟仙人掌鳞木　星木 …… 102
海林檎　普通鳞木　羊齿蕨　封印木　巨鳞木　古水母 …… 103
漏斗鞭毛虫　涡虫　三叶虫　双角环形虫　太阳虫　圆水母 …… 104
巨蜻蜓　古水螅　马陆　古蚂蚁　古海绵　蝎子 …… 105
直角石　鹦鹉螺　中凹腕贝　鳞甲虫　古头足类　海绵 …… 106
四肋泄露螺　不规则纺锤螺　树形古杯动物　丝瓜海绵　多刺海绵　古杯动物 …… 107
圆桶海绵　古无翅虫　双甲扁虫　八节虫　凹甲虫　原无翅虫 …… 108
花瓶海百合　海葵状多皱珊瑚　盘形古杯动物　古钱虫　角珊瑚　僧帽贝 …… 109
板珊瑚　海笋　帘蛤　古竹蛏　欧洲浅茅　古牡蛎 …… 110
坦帕湾珊瑚　古芋螺　古锥螺　旋锥螺　多肋蚶　巨蟹守螺 …… 111
交错衲螺　多疣棱子蟹　白垩球房虫　长龙虾　四节蜉　橡子藤壶 …… 112
江珧　弯曲同心蛤　粗毛虫　纺锤虫　海螂　格里发伊亚牡蛎 …… 113
鳞刺虫　紫壳菜　有爪虫　幻形虫　长棘海绵　凿船虫 …… 114
古海葵　海扇　古箭虫　突鼻环节虫　线珊瑚　布里阿尔卑斯环虫 …… 115
圆楯海胆　二叉海百合　皇海百合　泥盆纪海星
　中新世珊瑚　孔楯海胆 …… 116
螺旋海百合　大眼翼鲎　丽圆三叶虫　桨足鲎
　扁海百合　板足鲎 …… 117
饰裙三叶虫　斑泳蟹　多皱珊瑚　华丽海百合
　菊石　欧洲长棘螺 …… 118
蛾螺　大腕贝　无细孔腕贝　古椎鱼　骨鳞鱼　拱形斧足贝 …… 119
半环鱼　鳄鳞鱼　莫氏鱼　真掌鳍鱼　双鳍鱼　鳍甲鱼 …… 120
花鳞鱼　伪鲛　尾骨鱼　沟鳞鱼　裂口鲨　月甲鱼 …… 121
翼甲鱼　异刺鲨　迷齿螈　巨头螈　笠头螈　加拿大沟鳞鱼 …… 122
蜥螈　假鳄　蛇螈　双椎螈　鱼石螈　石炭蜥 …… 123
德鳄　狂齿鳄　有角鳄　依卡洛蜥　喙头蜥　恐鳄 …… 124
原颚龟　粒背海龟　巨海龟　中龙　犬颌兽　板齿鱼 …… 125
鱼龙　板齿龙　小有鳍龙　鳍龙　大有鳍龙　斑鳍龙 …… 126
翼龙　多棘中龙　克柔龙　疾走龙　双冠龙　节龙 …… 127
喙头龙　喙嘴龙　腔骨龙　永川龙　剑龙　腱龙 …… 128
原角龙　基龙　三角龙　长颈龙　长棘龙　自贡峨眉龙 …… 129
皱三角龙　龙栉龙　鹦嘴龙　鸟鳄龙　偷蛋龙　虚骨龙 …… 130
棱背龙　冠龙　头甲龙　肯龙　异齿龙　伶盗龙 …… 131
刺盾角龙　加斯莫龙　跃龙　盔龙　梁龙　霸王龙 …… 132
肿头龙　鹅龙　恐爪龙　幻龙　拟棘龙　禽龙 …… 133
钜齿龙　巨扁肯氏兽　楔齿龙　甲龙　须基龙　二齿兽 …… 134
鱼鸟　始祖鸟　钝嘴巨鸟　黄昏鸟　斑恐鸟　恐鸟 …… 135
巴塔哥尼亚巨鸟　鹰头鸟　束柱兽　阿根廷巨鸟
　江苏泗洪醉猿　原蹄兽 …… 136
轭齿鲸　剑齿虎　钝脚兽　恐角兽　双门齿兽　猛犸 …… 137
古鼷鹿　并角鹿　雕齿兽　真岳齿兽　雷兽　石爪兽 …… 138
小古驼　巨猪　郊猪　沙加兽　栉齿鲸　高骆驼 …… 139
箭齿兽　古长颈鹿　埃及重脚兽　冠齿兽　尤因兽　西洼兽 …… 140
后弓兽　地獭　远角犀　始祖马　大角鹿　恐齿象 …… 141
原始食虫兽　长颌乳齿象　巨古兽　始祖象　汛齿兽　袋剑虎 …… 142
黄河象　猫形食肉兽　指狗　古食肉兽　拟指狗　嵌齿象 …… 143
古裂脚兽　巨袋鼠　树鼩　摩尔根兽　大地獭　古湖兽 …… 144

动物图谱

审　　校

华东师范大学生物系教授

周　本　湘

上海自然博物馆副研究馆员

华　惠　伦

上海自然博物馆副研究员

马　积　藩

上海自然博物馆副研究员

陈　　彬

编　　文

周本湘　　华惠伦　　马积藩　　陈　彬

阳　光　　方铁群　　徐东达

绘　　图

张蔚昕　　费　嘉

草履虫

形状像只倒挂的草鞋，要在显微镜下才看得清楚，浑身长满纤毛，当纤毛摆动时，身子便螺旋形前进；同时也可以把水里的细菌卷到嘴里。草履虫生活在死水池沼和腐殖质丰富的小河里，繁殖力极强。

僧帽水母

有一个大的浮囊露出水面，外形很像一顶和尚帽，浮囊下面有许多触手，伸出的触手最长可达50米，上面长有刺细胞，能分泌毒素，人的皮肤碰着它会感到剧痛。

蚯 蚓

俗称曲蟮，又叫地龙。身体由许多环节构成，每一节都生有刚毛，用来支撑身体伸缩运动。蚯蚓生活在潮湿、疏松的土壤里，以泥土中的腐殖质为食。蚯蚓能改良土壤，增加肥力，有利于农作物的生长。

海 绵

是低等多细胞动物，附着在水中的石头、贝壳或其它物体上，体形不规则，遍身布满小孔，水从进水孔流进身体，吸取食物和氧气，再由出水孔排出废物。海绵用途很广，如在医疗上作吸收药液、血液之用。

珊 瑚

是珊瑚虫群体的骨骼。种类很多，形态各异，色彩绚丽。珊瑚虫一般生活在温暖的浅海中，它们的骨骼长年累月地堆积起来，形成了珊瑚礁甚至海中的珊瑚岛屿。

海 葵

是珊瑚的近亲，海滨常见的低等无脊椎动物。身体呈圆形，上端长着嘴巴，周围有许多触手，伸展开来像葵花开放。触手上的刺细胞有毒素，会使小鱼小虾麻醉，然后再吞食入口。

蜗　牛

头部有一大一小两对触角，眼睛长在大的触角上。嘴里的齿舌，可以刮食植物的根、茎和叶。腹足肥大扁平，活动时能分泌粘液，蜗牛爬过的地方，会留下发亮的痕迹。蜗牛是农业的害虫。但有的蜗牛肉质鲜美，可以食用。

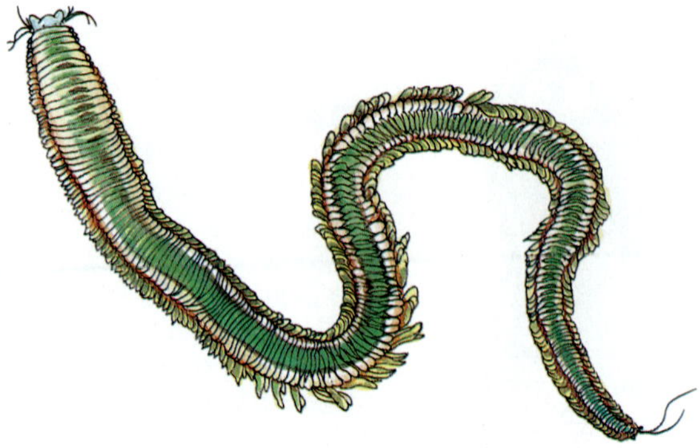

沙　蚕

体形扁长，分成许多体节，每一节上有长着刚毛的疣足，用来爬行或游泳。沙蚕是鱼类重要的食物来源。我国沿海一带的居民捕捞沙蚕食用。

蚂　蟥

种类很多，水里和陆地上都能生长。它是蚯蚓的近亲，但身体上没有刚毛，两头都生有吸盘，前吸盘中有嘴，常常叮在人畜的皮肤上吸食血液。

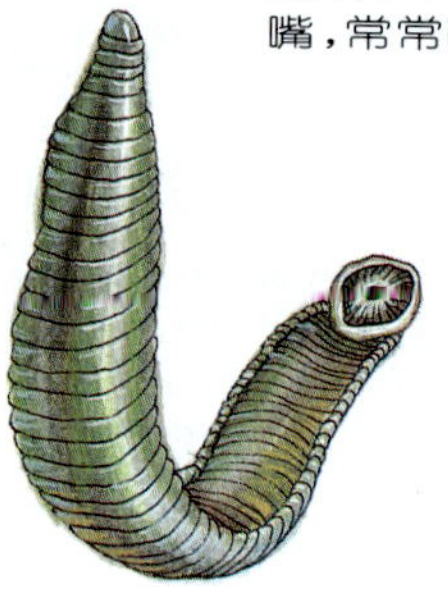

海　牛

身体呈椭圆形，扁平。无壳，背部有球形小突起，前面有一对嗅角。腹足宽大，但行动缓慢，生活在浅海礁石丛中，我国沿海地区经常可以见到。

砗　磲

是世界上最大的贝类。壳大而厚，略呈三角形，最大的长可达 1.8 米，重 250 千克。壳面有突起的条纹，上面布满鳞片，生活在热带海域。肉可供食用，壳大可作猪食盆。

珍珠贝

右壳扁平，左壳突起，生活在10米多深的海底，如果有沙粒、寄生虫进入壳里的外套膜中，会被分泌的珍珠质层层包住，形成珍珠。珍珠不仅是名贵的装饰品，也是高档药材和化妆品的原料。

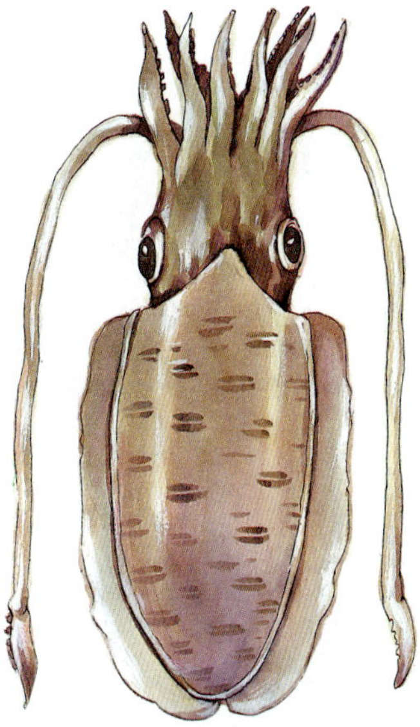

乌　贼

又叫墨鱼。有对大眼睛，嘴里有角质状牙齿，能咬碎鱼头蟹壳。嘴边有八条腕和两条较长的触腕，上面长满吸盘。身体的颜色可以变化，用来隐蔽自己。遇到敌害会喷出墨汁迷惑敌人，自己趁机逃走。

蝎

后腹部又细又窄状如尾巴，末端有尾刺，能分泌毒液。碰到昆虫或敌害，会把尾刺刺入对方身体注射毒液。蝎白天隐伏在石砾、洞穴或墙隙等干燥的地方，夜间出来觅食。

蜘　蛛

有4对细长的脚。腹部的6个纺器上，有无数的纺管能分泌蛛丝织网。可将昆虫粘住，并使它麻醉致死，再注入消化酶，把猎物分解成液体，然后吸食。蜘蛛能捕食多种害虫，可以利用它保护农田。

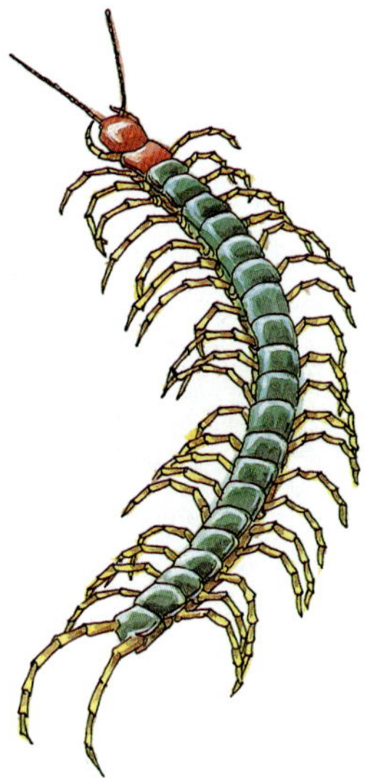

蜈　蚣

又叫百脚，头部有复眼和触角，身体分节，每节生一对足。第一对足叫颚足，可以捕杀小虫或螫人。最后一对足向后形成尾状。其余的叫步足，用来爬行。产卵时，雌虫卷成“S”形，尾巴翘到背上产卵，再翻身抱住卵，不吃不喝直到卵孵化。

鹦鹉螺

壳大，壳内有许多弧形隔板将壳的内腔分为许多小室，隔板中央有细管通向各室，自己住在最后一室。生活在海底，夜间出来活动。鹦鹉螺是最古老的海洋生物之一，人称活化石。

章　鱼

又叫蛸，是一种软体动物，身体呈圆卵形。嘴边生着8条富有韧性的腕足，上有吸盘。性凶残。吃虾、蟹、贝类。睡觉时有两条腕足伸出摆动，碰到食物就捉住不放，发现敌害会立刻喷墨汁自卫。

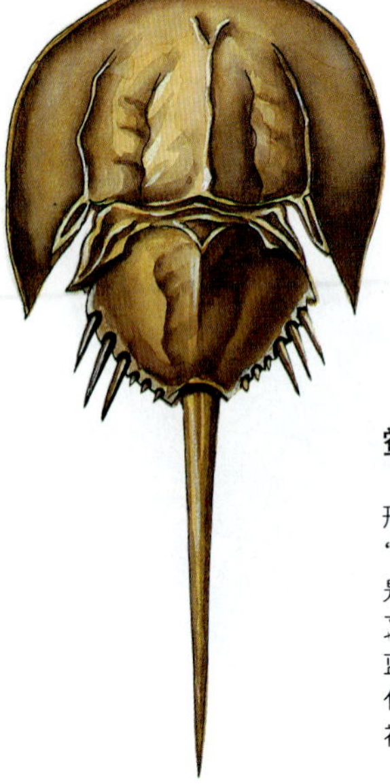

鲎

又称王蟹、马蹄蟹，体形奇特，好像一只天然的“瓢”。头胸甲和腹甲相连，是“瓢”的主体；尾巴像剑，又长又硬，是瓢柄。血液蓝色，含0.28%的铜。四亿年前鲎已出现在海里，被称为活化石。

磷 虾

外形像虾，个子较小，眼柄、胸部和腹部，长着珍珠似的发光器，会发出像萤火虫那样的磷光。喜欢成群生活在海洋里，南极的磷虾，每立方米的海水中有几千只。它是蓝鲸的主要食料。

龙 虾

是虾类中最大最威武的一类。体长20～40厘米，体重约0.5千克，最大的有5千克。头胸部粗大而腹部短小。在海底礁石中栖居，不善游泳，行动缓慢。生活在我国东海和南海海域的锦绣龙虾，是我国特产。

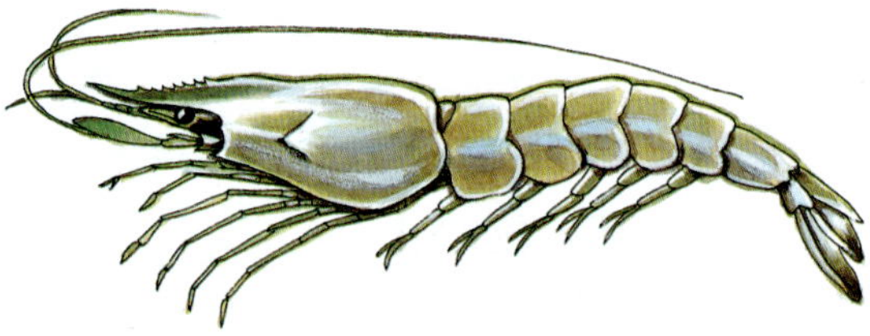

对 虾

又称明虾、大虾。在我国北方市场上常成对出卖，所以叫对虾。身体扁长透明，会随环境的变化而改变颜色。平时在深海或海底活动。对虾肉质鲜美，是人们爱吃的食品。

寄居蟹

平时把腹部钻在空螺壳里，尾巴钩住螺壳，头胸部露出壳外，爬行很快。受惊时身体缩进螺壳，用螯足封住壳口自卫。蜕皮后，身体长大，它会另找一个较大的螺壳作为住房。

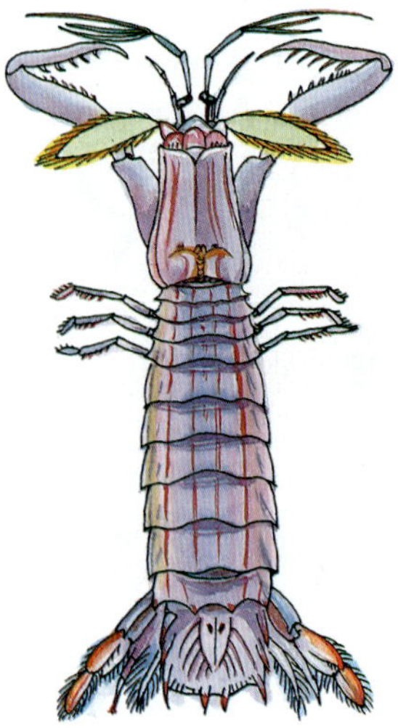

虾 蛄

俗称螳螂虾。体形扁平，长约15厘米，头胸甲小，胸部后面四节裸露。第二对胸肢特别强大，很像螳螂的前足。穴居在浅海的泥沙里，游泳能力很强，可供食用。

招潮蟹

是温带和热带沿海的一种小蟹，喜欢在海滩上挖洞居住。雌蟹两螯小，雄蟹有一大螯可占体重的一半。求婚时，雄蟹一面爬行，一面向雌蟹挥动大螯。以泥沙中的有机碎屑等为食。

梭子蟹

因甲壳的形状像梭子而得名，中央有3个突起的疣。雄蟹脐尖螯大，雌蟹脐圆螯小。螯足像钳子，用来抓海螺、小虾吃。第四对步足像船桨，适宜游泳。在海底生活，是我国产量最多的海蟹。

海　星

俗称星鱼，但不是鱼，没有头和尾巴。身体中央叫体盘，长出许多“腿”；常见的有5条“腿”，像一颗星。爬行缓慢，每分钟只前进5～8厘米。吃海胆、牡蛎、扇贝等，一天能吃二十多只牡蛎，是养殖业的敌害。

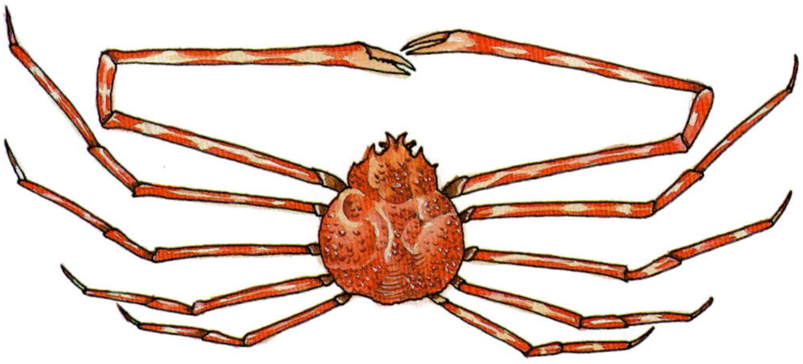

高脚蟹

也叫做蜘，是世界上最大的蟹，也是最大的节肢动物。头胸甲呈梨形，长达33厘米，背面有许多突出的颗粒。螯足长，雌蟹长近2米，雄蟹1米多，生活在深海中。

河　蟹

又叫螃蟹、毛蟹、大闸蟹。甲壳方圆形，雄蟹腹脐三角形，雌蟹腹部圆形。螯足大如钳子，可以抓东西吃和抵抗敌害。步足只能上下活动，横向爬行。原产我国，目前欧洲等地都有分布。

海　胆

身体球形或半球形，有坚固的壳，壳上生满会活动的棘，爬行时像刺猬。种类很多，以鱼虾的尸体和海绵、藻类等为食，吃藻类的海胆损害海带的幼苗，是养殖业的敌害。

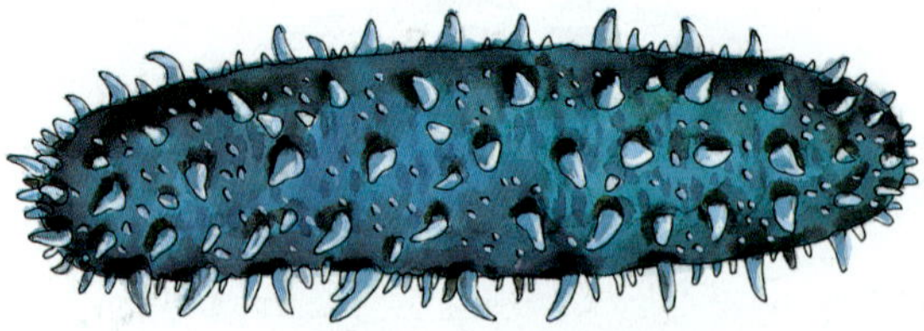

海　参

身体呈圆柱形，前端有嘴，嘴边长有触手。生活在浅海的礁石下和泥沙中，天热时会夏眠，遇到敌害能翻出内脏，把敌人吓走。海参滋味鲜美、营养丰富，是名贵的食品。

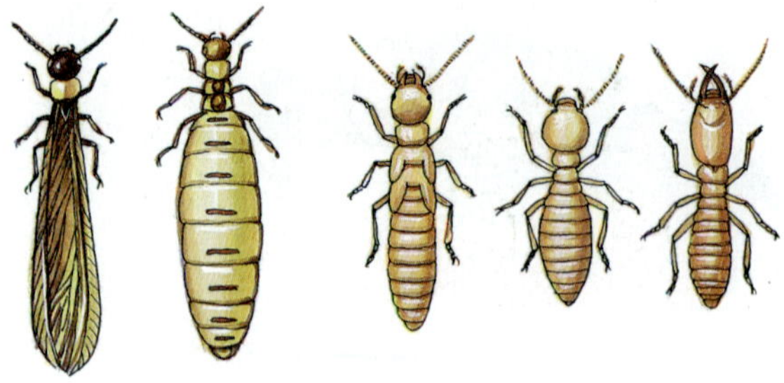

白　蚁

过着群居生活，一个蚁巢内往往有成千上万的白蚁。蚁群由雌蚁、雄蚁、工蚁和兵蚁组成。雌蚁和雄蚁只会繁殖后代，工蚁担负筑巢、寻食、哺育幼蚁，喂食蚁后等工作。兵蚁较工蚁大，上颚强大，负责保卫蚁群。白蚁蛀食木材等，是木结构建筑物的大敌。

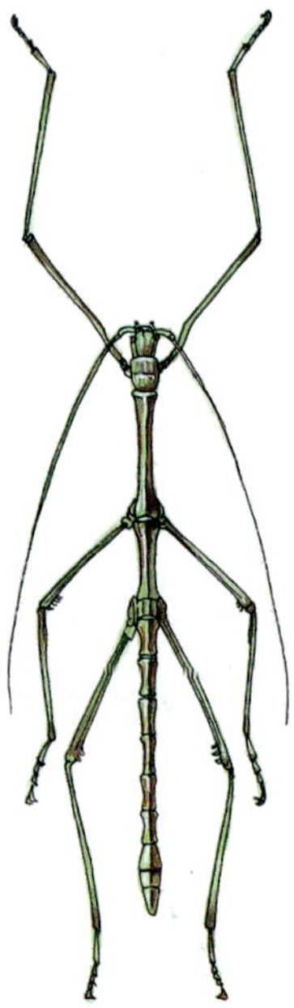

竹节虫

是世界上最长的昆虫，体长达33厘米，多数呈绿色或黄褐色。竹节虫的外形和竹枝非常相似，爬在竹枝上真假难辨。常常在晚上出来活动，吃植物的叶子。受惊时会假死，并能喷出乳白色的液体自卫。

蜻　蜓

头部转动灵活，有一对数万只小眼睛组成的大复眼。身子细长，两对透明的翅膀，飞起来很灵巧。脚上长着钩刺，能在飞行时捕捉昆虫。雌蜻蜓在水中产卵，卵孵成幼虫后以蚊虫的幼虫为食物。蜻蜓是益虫。

螳　螂

头部呈三角形，脖子长，转动灵活。有三对足。一对前足像两把大刀，所以又称“刀螂”。螳螂常常昂起头，抬起前足，长时间静止不动，以等待猎物。平时以蝗虫、苍蝇、飞虱以及蝶、蛾等害虫为食，是益虫。

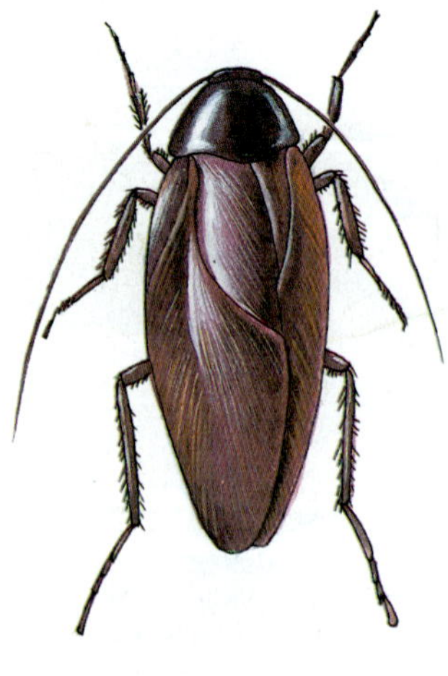

蜚　蠊

俗称蟑螂，身体扁平光滑，能在狭小的缝隙中自由进出。飞行的本领不高，但爬得很快，饭菜瓜果，衣物书籍，什么东西都啃咬，屎粒很臭，能传播病毒和病菌，是一种叫人厌恶的害虫。

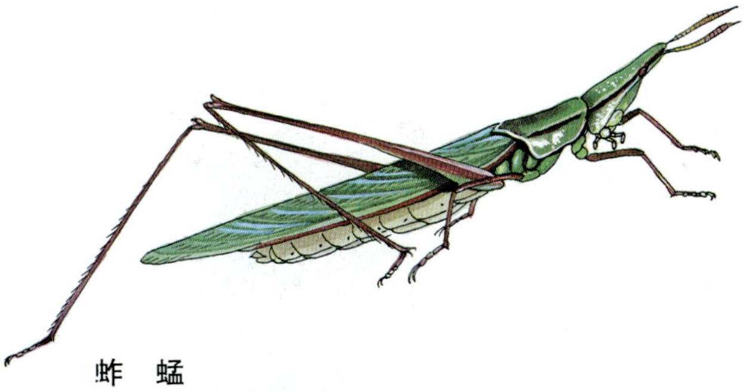

蚱　蜢

头尖，身体细长，绿色或黄褐色。足三对，后足强健，跳得很快。有两对翅膀，前翅长，后翅透明。飞行时，前翅和后足摩擦，发出“札札”的声音。小蚱蜢跟母蚱蜢相像，叫若虫，只是没有翅膀，经过几次蜕皮后才变作大蚱蜢。

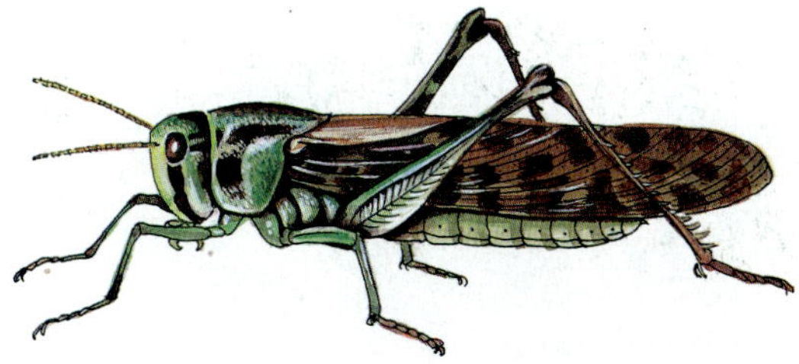

蝗　虫

有强健的后足和翅膀，能跳跃，也可作1～3天的连续飞行。主要吃稻、麦、高粱和玉米等庄稼。常常成千上万只聚集在一起，形成蝗群，每到一处，都给庄稼带来极大的危害。

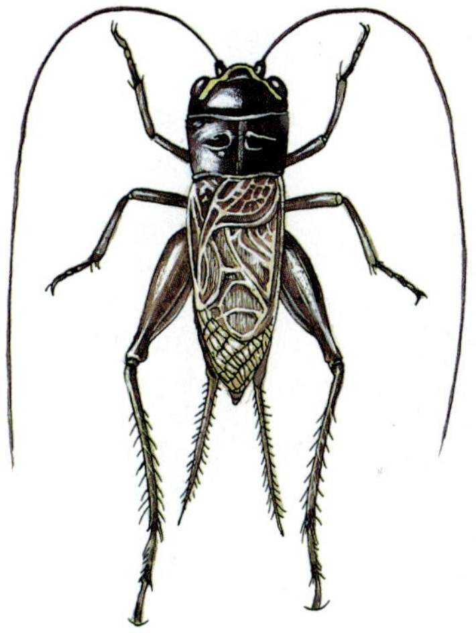

蟋　蟀

俗称蛐蛐，又叫促织。体长15～40毫米，触角比身体还长。雌虫三尾，中间一尾为产卵管。雄虫二尾，生性好斗，得胜时会摩擦翅膀鸣叫。吃庄稼的根、茎和叶，是害虫。

螽　斯

俗称蝈蝈，个子较大，外形和蝗虫相像，身体草绿色，触角细长。雄虫的前翅互相摩擦，能发出“括括括”的声音，清脆响亮。喜欢吃瓜果、豆类等，人们用小竹笼饲养观赏。

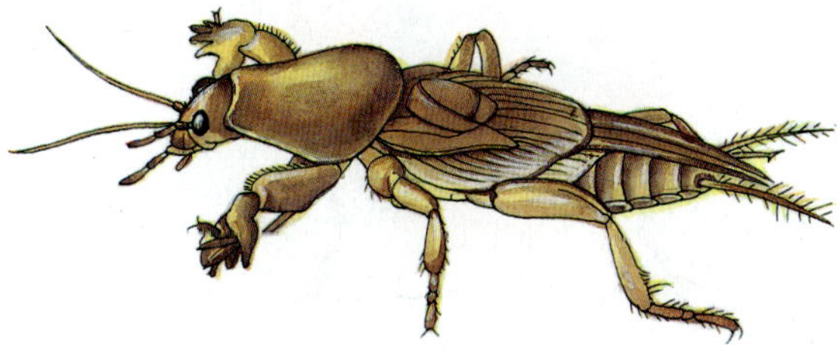

蝼　蛄

俗称土狗子。身体细长，翅膀短小，前足粗短扁平像铲子，善于掘土筑洞。吃麦、粟、棉花、蔬菜和烟草的根、茎以及幼苗，是农业的主要虫害之一。

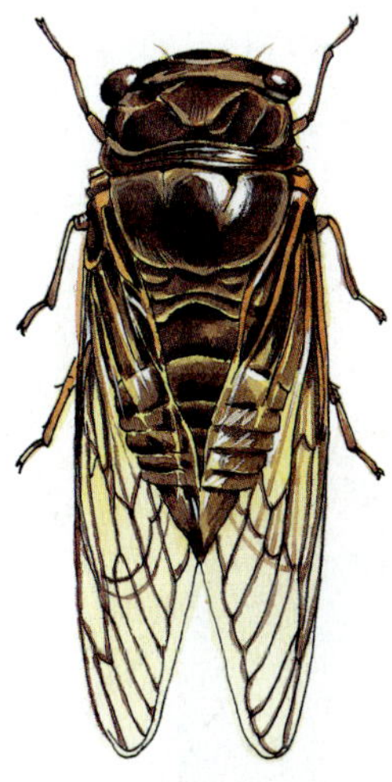

蝉

又叫知了，古代称蜩。有五只眼睛，两只复眼和三只单眼。雄蝉腹部生一对发音器，能发出响亮的叫声。雌蝉没有发音器，但尾部有产卵器。靠尖尖的针状嘴刺吸树木的液汁生活，是森林和果园的害虫。

田　鳖

头部小，身体扁阔，生活在水中，呼吸管生在腹部的末端。以水中的小虫小鱼为食。性凶猛，能捕捉比自己身体大的鱼，人称“水中霸王”。雌虫把卵产在雄虫背部，直到幼虫孵化出来，因此又叫负子蝽。

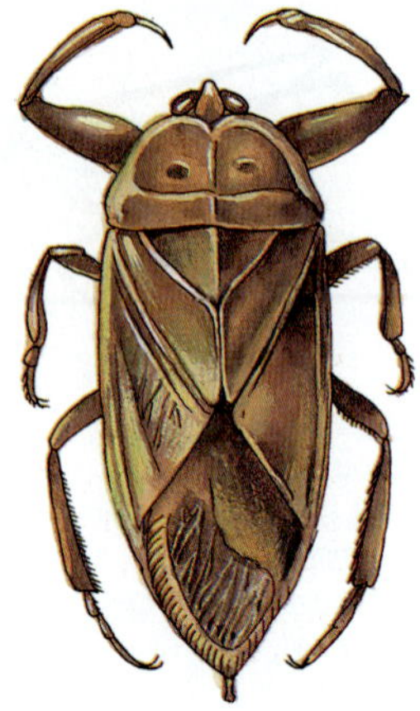

萤火虫

腹部末端有发光器，能在夜里发出美丽的萤光。幼虫有一对像镰刀似的大颚，爱吃钉螺、蜗牛和其它昆虫。捕食时，先注入毒汁，再分泌消化酶，使猎物的内脏分解成液体，然后吸食。

步行虫

又叫步甲。种类很多，身体多为黑色和黄褐色，并有金属的光泽。大多无飞行能力，主要步行，故称步行虫。多数吃昆虫，像稻苞虫、粘虫等，食量大，是益虫；少数吃果实、嫩芽和嫩根的是害虫。

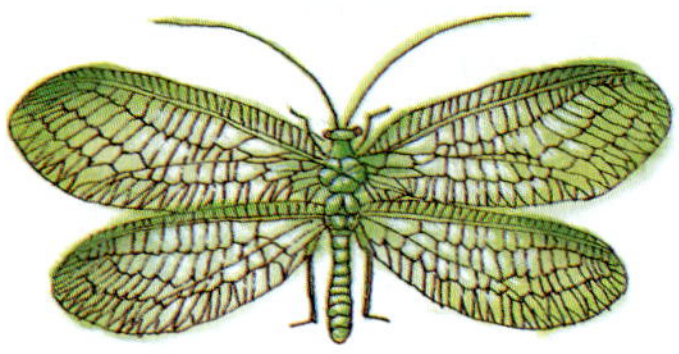

草　蛉

体长10毫米，绿色或灰色。头小有一对发光的大复眼，翅膀阔大透明。幼虫以蚜虫、蚧虫为食，故称蚜狮，胸部能分泌臭液，击退敌害。草蛉是保护庄稼的益虫。

龙　虱

种类很多，后足侧扁，有一丛长毛，适宜游泳。幼虫俗称水蜈蚣，和成虫一起生活在水中，捕食鱼苗和小虫，对养鱼事业有害，但龙虱可食，还能作药治病。

七星瓢虫

体长5～7毫米，卵圆形，背面拱起像半个球，背上有七个黑斑。喜欢成群地迁飞，我国北戴河边，每年5～6月，被瓢虫遮盖，成为一大片红色。爱吃棉蚜、麦蚜、菜蚜、桃蚜等，是害虫的天敌。

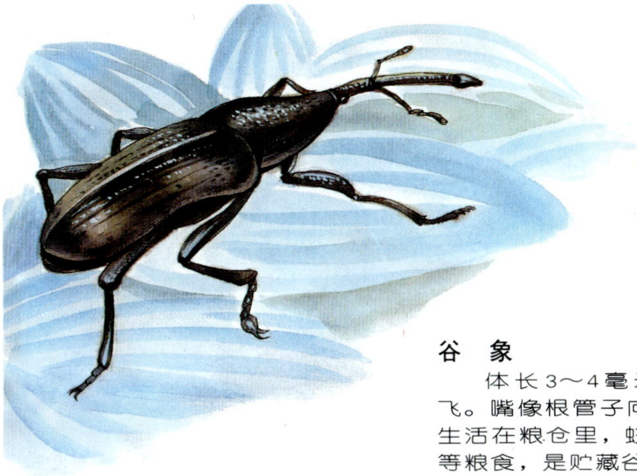

谷　象

体长3～4毫米，后翅退化，不会飞。嘴像根管子向前伸出，好似象鼻。生活在粮仓里，蛀食麦子、谷子和玉米等粮食，是贮藏谷物的主要害虫。

天　牛

有一对像鞭子的长触角，翅膀坚硬，中胸的发音器和前胸摩擦，会发出“轧嚓、轧嚓”的声音。幼虫在树干中蛀食树木，会使树木枯死，是森林和果园的大害虫。

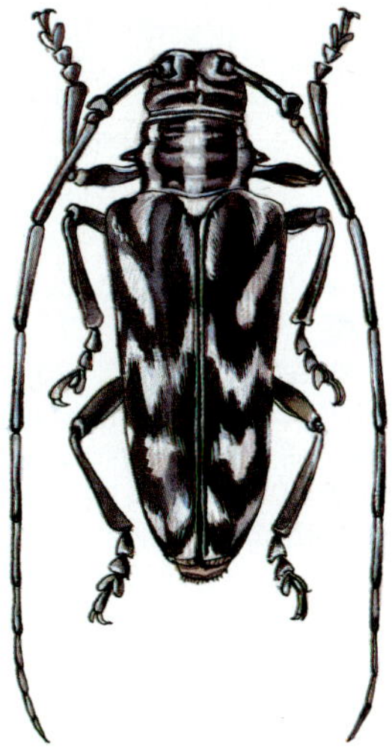

金龟子

俗称金大虫，种类很多。壳坚硬光滑，多数有金属的光泽，雄虫大，雌虫小。吃叶子、幼芽和花。幼虫叫蛴螬，乳白色，咬植物的根、幼苗或块茎。是农业害虫。

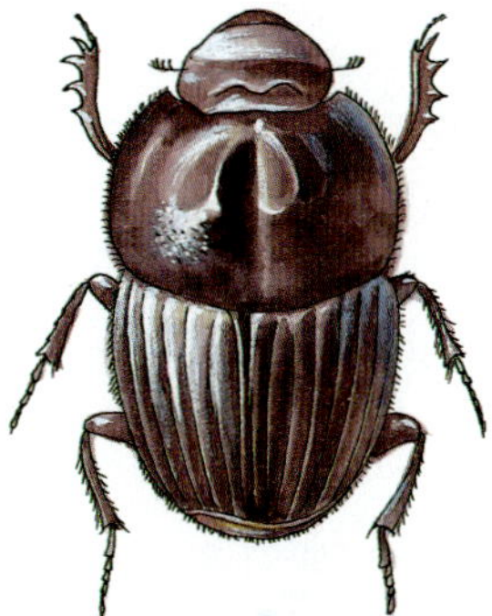

蜣　螂

又叫屎克螂。头部前面，有一排像钉耙的角，前足强壮。产卵前，先把粪便堆聚起来，用前足拍打成球形。一只在前面拉，一只在后面推，使粪球滚到适当的地点；雌虫将卵产在里面，幼虫吃粪长大。

独角仙

俗称兜虫。个子较大。雄虫的头顶上长着一个像犀牛角那样的长角；前胸部有个短角。样子好像一辆黑褐色的坦克，爬行时神气活现。以树液为食，幼虫蛀食树干，是害虫。

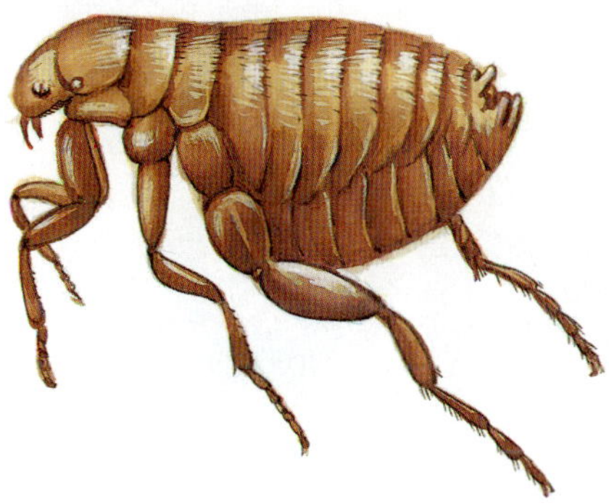

跳　蚤

种类较多。跳到人畜身上，用口针刺进皮肤吸血。如果一时没有血可吸，它能耐饥不死，等待机会再吸血。不少跳蚤还是可怕的鼠疫病传播者。

家　蚕

是蚕蛾的幼虫，俗称蚕宝宝，以桑叶为食，经四次蜕皮后，就吐丝结茧；幼虫就在茧里演化成蛹，经过一段时间，咬破茧子变成蚕蛾，雌蛾较雄蛾为大，虽有翅膀但不会飞。蚕茧可以缫丝，是丝织工业的原料。

粘　虫

全身灰褐色或黄褐色，飞行能力很强，能连续飞行七 八个小时。幼虫吃麦、稻、玉米和高粱等庄稼的叶子和嫩穗，常成群结队在田地里爬行，所以又称行军虫。粘虫是农业的大害虫。

地老虎

身体粗壮多毛，晚上飞出来活动，喜欢扑向灯光。幼虫俗称地蚕、切根虫，体色灰褐，生活在低湿的杂草丛中，啃食嫩叶，常以玉米、高粱等幼苗为食，是农作物苗期的害虫。

尺　蛾

又叫尺蠖，身体细长有短毛，翅膀大，休息时平平地展开。幼虫细长，爬行时把尾部靠近头部，弯曲成弓形，像一座桥，再抬起头前进，故也称步曲虫或造桥虫。尺蛾种类较多，是农林果树的害虫。

菜粉蝶

又叫菜白蝶或白粉蝶。体长15～20毫米，翅膀展开长40～50毫米，会吸花蜜，能传播花粉。幼虫淡绿色，俗称菜青虫，吃卷心菜、油菜等的叶子，是害虫。

凤　蝶

翅膀较阔大，色彩绚丽，后翅的外缘呈波浪形并有尾突，形成燕尾。嘴像一根盘卷的发条，可以伸缩，用以吸食花蜜。幼虫前胸有一枚臭角，受惊时发出臭气自卫。有些凤蝶是农林的害虫。

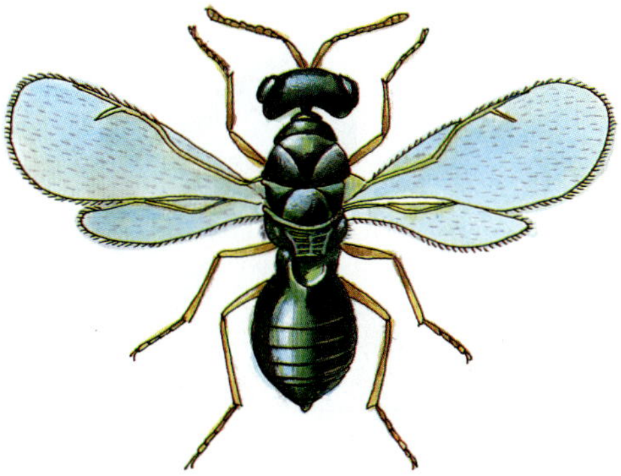

金小蜂

成虫身体很小，只有1～3毫米，有蓝绿、金黄、青黑等色。腹部有一支剑状的产卵管，用来刺死害虫，吸取其体液并把卵产在害虫体内。金小蜂最喜欢吸食棉花的天敌棉红铃虫的体液，是棉花的天然保护者。

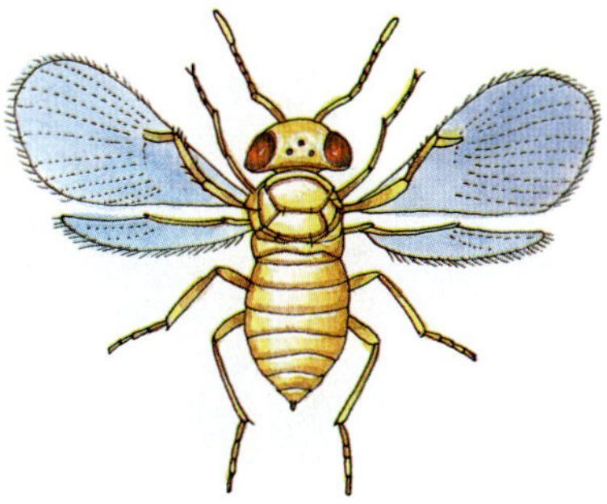

赤眼蜂

体长0.3～1毫米，有黄褐色或赤褐色多种，单眼和复眼都呈红色，所以叫赤眼蜂。产卵在玉米螟、松毛虫等卵里。孵化的幼虫，吃玉米螟卵的营养长大，这样，玉米螟等害虫在发育中即被杀死。人们常利用赤眼蜂来防治害虫。

蛱　蝶

触角很长，末端呈球形。三对足中，前足退化，没有活动能力。翅膀的颜色十分艳丽，多数是紫色或蓝色。蛱蝶的种类很多。有的后翅有尾突，爱在阳光下飞舞；有的像一片枯叶。

蜜　蜂

个子比胡蜂小，身上有黄黑相间的环纹。母蜂、雄蜂和工蜂在一起过群居生活。工蜂数量最多，负责建造巢房，采粉酿蜜，抚育幼蜂，保卫蜂巢等工作。母蜂和雄蜂只负责繁殖后代。人们饲养蜜蜂以收取蜂蜜、蜂蜡和营养补品蜂王浆。

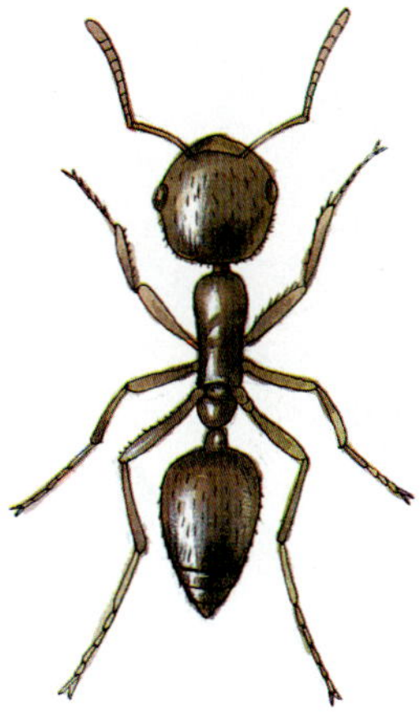

蚂　蚁

体色呈黄褐或黑褐，成群住在巢里，分雌蚁、雄蚁、工蚁和兵蚁。蚁巢里有许多蚁穴，互相贯通。凭着头上的触角，互相传递信息。蚂蚁的种类很多，有的能捕食松毛虫，有的能吃甘蔗螟虫，对人类有益。

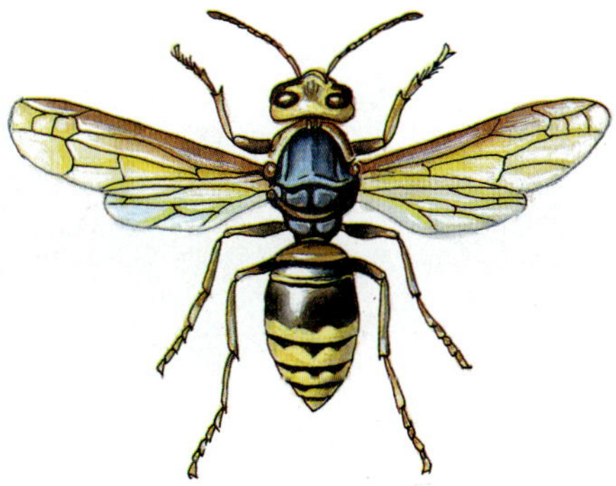

胡　蜂

个子较大，体色有黄色与棕黑色，并有横纹。头部有一对大复眼，尾部有螯针。蜂群中有母蜂、工蜂和雄蜂。母蜂产卵，工蜂饲养幼蜂和造窝等。窝用木屑等碎物造成，每小间成六角形。能吃大量害虫。

肺　鱼

样子像鳗，生活在淡水里，有鳃，能在水中呼吸。其鳔构造特殊，里面分布着许多血管网，可以起到肺的作用。当河水干涸时，肺鱼能钻进泥土，用鳔直接呼吸空气。

鲨

又叫沙鱼、鲛，是软骨鱼类。身体呈纺锤形，眼睛大都生在头部两侧，无鳔。生活在深海区。全世界有300多种鲨，性情温和的鲨吃小鱼虾和贝类；凶猛的鲨会吃海兽，甚至攻击人类。多数卵生或卵胎生，少数胎生。

鳐

软骨鱼类。身体平扁呈圆形、斜方形或菱形。眼睛后面生有喷水孔，无鳔，尾巴长，有的像鞭子。少数鳐的头侧和尾侧有发电器。绝大多数在海洋底层生活，鳐性情温和，吃贝类、小鱼和小虾等。鳐种类很多，全世界约有350多种。

蝠　鲼

体形较大，体阔可达6～7米。胸鳍宽大，尾细长，头部前端两侧分化出两个像兔耳似的头鳍，捕食时头鳍伸展于口下，像漏斗那样把小鱼送入口里。生活在热带和亚热带海区。

矛尾鱼

尾鳍中央有叶状突出，样子像矛，因此而得名。长约1.5米，体圆肉厚，披着一层铁甲般的圆鳞，闪耀着蓝灰色的光彩。矛尾鱼数量十分稀少，是总鳍鱼类中现知尚生存的唯一代表，因此称为活化石。

双髻鲨

鲨的一种，头部左右突出如发髻状，眼睛长在双髻的尖端，鼻眼之间有横沟相接。栖息于海底沙面上。分布在温带和热带海洋中。

灯笼鱼

眼大口也大。在身体的腹侧有发光细胞组成的发光器，能发出五颜六色的荧光，可以用来迷惑敌害，识别同类和诱捕食物。灯笼鱼种类很多，一般生活在较深的海中，白昼潜入海底，夜间浮游到海面上来。

鳓　鱼

又称鲞鱼、曹白鱼、力鱼。体长而侧扁，腹部扁薄。生活在印度洋、太平洋西部和我国沿海。鳓鱼肉味鲜美，是我国重要的海产经济鱼类。

凤　鲚

因尾部狭长，又叫凤尾鱼。雄鱼长约 10 厘米，雌鱼长约 16 厘米。每年春夏季游到咸淡水区域产卵，然后再回到海里。凤鲚肉味鲜美，是我国长江口重要的经济鱼类。

鲟

体长可达3米，呈圆筒形，吻向前突出，有口须2对。身体上有5条纵行骨板，以无脊椎动物和小鱼为食。我国常见的有中华鲟、长江鲟和黑龙江鲟，生活在沿海各地及南北各大水域中，是大型的经济鱼类，肉味鲜美，营养价值高。

大麻哈鱼

又叫鲑鱼，眼小口大，牙齿尖利，全身有小圆鳞。性情凶猛，以小型鱼类为食。生活在太平洋北部海域。每年夏天和秋天在我国黑龙江产卵，到第二年春天幼鱼便开始入海。是我国的名贵鱼类。

白　鲟

因为吻特别长，所以又叫“象鼻鱼”。最大的体长可达7米，体重近1000千克，是世界上最大的淡水鱼。体表光滑无鳞，眼小，鳃孔大。性情凶猛，主要吃鱼和虾蟹等。白鲟是稀有珍贵的鱼类，被列为国家一级保护动物。

鲤　鱼

背鳍和臀鳍都生有硬刺，口边有须二对。以螺蛳、黄蚬和水生植物为食，生命力强，能在各种不良环境中生长，是我国最早养殖的鱼类。黄河鲤鱼是我国四大名鱼之一。

泥　鳅

身体细长，头尖，口小，有口须五对。肠壁上有许多微血管，当水中氧气不足时，能升到水面，用嘴咽下空气，然后空气通过肠子呼吸。泥鳅生活在静水底层有淤泥的地方，以小型甲壳类、昆虫和植物碎屑为食。

银　鱼

身体细长，全身透明．从头部能清楚地看到脑的形状，口大，身体光滑无鳞。生活在中国与朝鲜等国的浅海、湖泊中，吃小型甲壳类。常见的有间银鱼、太湖新银鱼等。

金　鱼

又叫“金鲫鱼”，由鲫鱼演变而来。肥胖的身体，拖着双尾、三尾甚至四尾。眼有龙眼、水泡眼等。体色绚丽多彩，有红、橙、黄、黑和白等色彩，体态轻盈优美，是珍贵的观赏鱼类。

鲫　鱼

是我国常见的食用鱼类。背面青色，腹部银白色。背鳍和臀鳍有硬刺。鲫鱼是一种分布很广的杂食性淡水鱼，肉味细嫩鲜美，是重要的经济鱼类之一。

鳗　鲡

又叫河鳗，样子像蛇，以小鱼小虾和水生昆虫为食。鳗鲡在淡水中生长，每年秋季洄游到近海产卵。体表光滑，有粘液，皮下有丰富的微血管，可以离开水面，用皮肤直接在空气中呼吸。

斗　鱼

体长5～10厘米，体色艳丽，鳍像长长的飘带。喜欢吃蚊子的幼虫孑孓，也能跳出水面捕食蚊蝇。生活在泰国、缅甸和我国南方的河流、池沼中。雄鱼凶猛好斗，在泰国，人们常以观看雄鱼相斗作为娱乐。

海　马

头和身体成直角，状如马头，没有鳞，整个身体被骨质环所包裹。雄海马的腹部有一只孵卵囊，雌海马把卵产在囊里，卵一直到变成小海马才钻出囊来。海马以小型甲壳类动物为食，生活在热带海中和我国沿海。

狗　鱼

体长1米多，青褐色，有黑斑。头扁平、口宽大，性情凶猛。生活在寒冷地区的淡水河中。肉可食用，但卵有毒。狗鱼常贪食各种鱼类，为淡水鱼养殖业一害。

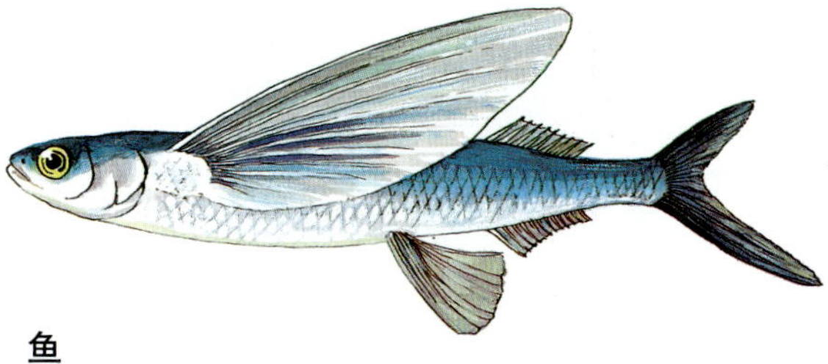

飞　鱼

胸鳍像鸟的翅膀，能滑翔飞行。起飞前，飞鱼收紧胸、腹鳍，用力摆动尾鳍，产生一种推动力，使身体跳出水面，接着张开胸鳍，在空中迎着气流滑行，能飞100～200米。生活在温带、热带海洋。

弹涂鱼

又叫跳鱼、泥猴。生活在沿海浅水滩，双眼突出，长在头顶上，可以前后左右转动。腹鳍合成吸盘，能爬上树枝，胸鳍可以支撑身体，并能在滩涂上爬行、跳跃，口腔壁和皮肤密布微血管，可以离开水呼吸空气。

神仙鱼

又叫“天使鱼”，是观赏热带鱼。身体上有四条黑色的横条纹，一条通过眼部，一条靠近尾鳍，两条横贯身体的中部，神态潇洒。产在南美洲亚马逊河流域，经人工培育后，有“黑神仙”、“蓝神仙”等品种。

带 鱼

体长60～120厘米，像一条长带子。全身银白色，无鳞，口大，齿尖，性情凶暴，不仅吃鱼虾，还残杀同类。分布在太平洋、大西洋一带。我国的东海产量最高，肉味鲜美。

大黄鱼

又叫大黄花鱼。耳腔里长着两块耳石，所以又叫石首鱼。耳石有听觉和维持身体平衡的作用，从耳石上的轮纹，可推算出鱼的年龄。大黄鱼腹部有两块带状鼓肌，收缩时能挤压内脏和鳔，发出“咕咕”“沙沙”的声音。

金枪鱼

又叫青干。两头尖，中间厚，像颗炸弹。鳞片细小，全身光滑，能高速和长距离洄游。金枪鱼分布在印度洋、太平洋以及我国南海和东海一带，主要以沙丁鱼、飞鱼为食。

真 鲷

又称“加级鱼”。身体扁薄，红色，并饰有淡蓝色斑点。头大口小，背鳍和臀鳍有硬棘。栖息在沙砾海底，主要以贝类和甲壳类为食。分布在太平洋、印度洋的温暖海区，我国沿海都有。

黄 鳝

样子像蛇，身体润滑无鳞。生活在池塘、小河和稻田中，以昆虫为食。口咽腔内壁密布微血管，冬天在淤泥中潜伏时，用以呼吸空气。黄鳝生下来都是雌性的，成熟后产过一次卵，大多数就变为雄性。

塘鳢鱼

又叫沙鳢。体长约15厘米，前部圆筒形，后部侧扁，口大，牙齿细小，排列成带状。主要吃鱼虾。繁殖期间，雄鱼发出“咕咕”声，吸引雌鱼到隐蔽处产卵。生活在我国中部、东部的河流里，是肉味鲜美的食用鱼。

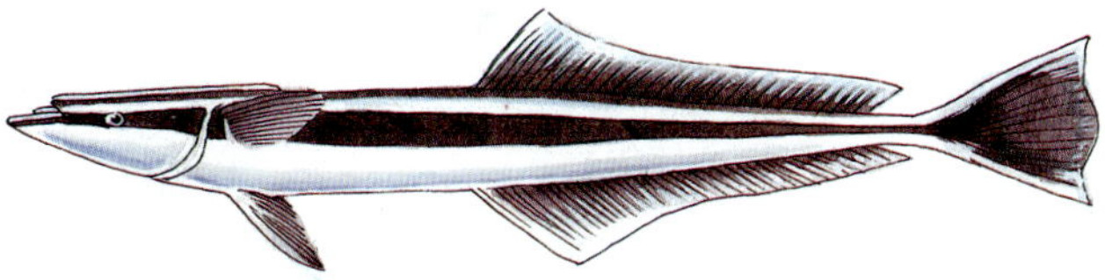

䲟　鱼

又叫印头鱼、粘船鱼。第一背鳍变成吸盘，常吸附在鲨鱼、海兽身上和船底上，周游各处，人称“免费旅行家”。以大鱼吃剩的残渣为食，也捕食一些小鱼。渔民常利用䲟鱼的吸附能力，来捕捉大鱼和海龟。

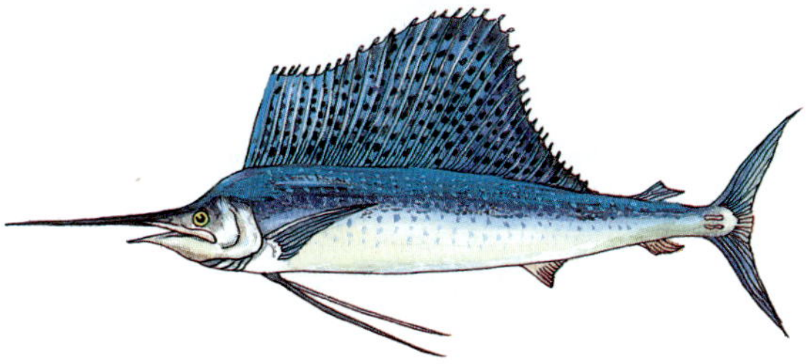

旗　鱼

体长2米多，体重可达300多千克。背鳍又长又宽，游泳时，竖起来像面旗子，有时借助风势，也可加快游泳速度，每小时可游100千米以上，有“海中飞箭”的美称。

乌　鳢

又叫乌鱼、黑鱼。口阔齿尖，性情凶猛，常隐蔽在水草丛中，迅猛偷袭小鱼。繁殖前，乌鳢用口吹成粘液气泡，混杂水草的茎叶筑成浮巢，雌鱼把卵产在巢里，双双潜伏在巢中护卵，一直到小鱼孵化后才离开。

比目鱼

俗称板鱼。生活在大海的底层，体形很特殊，两只眼睛长在身体的一侧，口、牙、胸鳍和腹鳍等都不对称。平时侧卧在海底，向上的一面体色会跟着环境变化，可以迷惑敌害，保护自己。

松江鲈鱼

又叫四鳃鲈，以上海松江县产的最著名。它头宽扁，以小鱼小虾为食。肉味鲜美。与黄河鲤鱼、松花江鳜鱼和兴凯湖白鱼并称为我国四大名鱼，为国家二级保护动物。

鲳　鱼

又叫银鲳、叉扁鱼。身体侧扁，近似菱形。头小口小，但牙齿尖锐，以小鱼和浮游生物为食。肉质鲜嫩，鱼刺少，是我国沿海重要的食用鱼。

河　豚

口小，上下颌各生一对露出唇外的牙板。有气囊，遇到敌害时会用口吸气，使身体膨胀成一个圆球，腹部向上浮在水面，以假死迷惑“敌人”。河豚肉味鲜美，但肝脏、生殖腺以及血液等都含有毒素，误食会引起中毒。

翻车鱼

体形奇特，鱼身好像被刀切去一段，只剩下卵圆形的鱼头，所以又叫头鱼。口小体大，最重的达1400千克。样子笨拙，常将背鳍露出水面随海流漂浮。雌鱼产卵一次可有3亿粒，是世界上产卵最多的鱼。

蝶　鱼

个子娇小，色彩美丽。生活在热带海洋的珊瑚礁中，游动时好像飞舞的蝴蝶。有圆形、椭圆形、菱形等。有些靠近尾巴长着大圆斑，像是眼睛，常常以此迷惑敌害，自己乘机溜走。

鮟　鱇

头大口宽，牙齿尖锐。身体前部像扁平的圆盘，尾部细小，两眼生在头顶上。背鳍最前三个鳍棘分离，第一棘顶端有一个发光的皮瓣，看上去好像一根装上饵料的钓鱼竿，用来引鱼上钩，供自己饱食。

箱　鲀

全身长有多边形坚硬骨甲，尾部露出。无腹鳍，体内也无气囊。活动能力弱，常年栖息海底，以无脊椎动物为食。分布于热带和亚热带近海。我国沿海各地也有分布。

绿鳍马面鲀

又叫橡皮鱼。体侧有不规则暗色斑块，两个腹鳍退化成一个短棘，鳃孔与口都很小，主要吃甲壳类小生物，肉细嫩少刺，可供食用。主要分布在日本、朝鲜和我国近海。

锯齿鲑

体形不大，长有一口像锯子一样尖利的牙齿，性情凶猛，常成群在河中捕食，一旦人畜或野兽误入水中，立刻被围攻咬食，顷刻之间可以把大型的动物咬得只剩下骨架。分布在拉丁美洲亚马逊河流域。

大　鲵

头宽而扁，口大，四肢短，尾巴粗壮，鼻孔和眼睛小。生活在山区的溪流中，爱吃蟹，也吃蛙、螺和鱼类。叫声像是婴儿在啼哭，俗称娃娃鱼。成年的大鲵体长半米以上，为现存最大的两栖动物。是国家二级保护动物。

蓑　鲉

身体侧扁，长满圆鳞。头部有棘、棱和皮瓣。胸背鳍有细长的棘。全身红色，头部和体侧饰有黑色横纹。为近海底层鱼类，我国东海和南海均有分布。

负子蟾

个子粗壮，体长约10厘米。无舌，足趾有蹼，常年生活在水里。产卵前，雌蟾背部皮肤软得像海绵，有许多小窝，产下的卵就在小窝里孵化、发育，一直到长成小蟾，才离开雌蟾的背部。

雨　蛙

体长3～4厘米，趾蹼发达。指、趾末端有吸盘，可以爬树。雄蛙咽下有外声囊，在雨天的时候，叫声特别响亮。夜晚在树叶和灌木丛中活动，吃蜘蛛和昆虫。

蟾　蜍

俗称癞蛤蟆。皮肤灰黑色，布满疙瘩，能分泌有毒的白色浆液蟾酥，是名贵药材。蟾蜍白天躲在泥洞、草丛里，傍晚出来活动，爱吃蚊、蝇、蝼蛄、金龟子等害虫，冬天在泥洞、水底淤泥或烂草中冬眠。

跳　蛙

学名叫黑蹼树蛙。东南亚一带称做“马来飞蛙”。是一种树蛙。体长6～8厘米。指、趾间都有发达的蹼，末端有吸盘。该蛙产于东南亚和我国西南部，生活于热带雨林中。

树　蛙

趾间有蹼，趾尖有吸盘，善于爬树，但也常到地面活动，捕食昆虫、蜘蛛和蚯蚓等。树蛙有许多种，大都皮色美丽，并能随环境不同变色。

牛　蛙

体长约20厘米，是蛙类中较大的一种，鼓膜特别大。雄蛙有声囊，鸣声宏亮如牛叫，故称牛蛙。雄蛙常占据一定的地盘，不许其它雄蛙进入。生活在池塘、水田附近，以昆虫、螺类以及小鱼、小虾为食。

弹琴蛙

体长约5厘米，背部灰棕色或棕绿色。雄蛙有外声囊，叫时接连发出“登、登、登”三声，清脆动听，好像琴上奏出“1–3–5”的音阶。四川峨眉山有弹琴蛙，旅行的人听到“琴声”，称它是“仙姑弹琴”。

哈士蟆

又叫中国林蛙，生活在阴湿的山坡树林下或草丛里。体长6～7厘米，两眼后面各有一块三角形的黑斑，后肢发达，跳跃和游泳的本领都强。冬天成群集聚在河底的砂砾或石块下冬眠。用雌蛙的输卵管可制成名贵补药哈士蟆油。

青　蛙

俗称田鸡。浑身青绿色有黑色的斑纹。雄蛙在口角两旁有一对外声囊，能发出响亮的叫声。口宽大，有一条分叉的舌头，能迅速射出口外粘住小虫吞食。青蛙能吃掉大量农田害虫，是农民的好帮手。

海　蛙

又叫食蟹蛙。体长6～8厘米。趾间有蹼。雄蛙有外声囊，能叫。产在沿海一带，是唯一能在海水里生活的蛙类。主要吃小型的蟹，也吃昆虫、虾和螺类。

棱皮龟

体长2米多，体重200千克左右，最重的可达700多千克，是龟类中最大的一种。背甲上排列着7条纵棱，前肢很长，后肢较短，好像四支木桨，善游水，堪称“游泳健将”。常年生活在海里，吃虾、蟹和海藻等，是国家二级保护动物。

象　龟

背甲长达1米，高0.5米，体重200～300千克，是世界上最大的陆地龟。头大颈长，四肢粗壮如象脚。吃仙人掌等植物。象龟力气很大，背上可供两个人骑坐，生性懒惰，一天要睡16个小时。只产在南美洲的加拉帕戈斯群岛以及印度洋塞舌尔群岛和阿尔达布拉岛上。

海　龟

体长1米多，体重100千克以上，前肢大，后肢小，四肢好像船桨。常年生活在海里。主要吃海藻。繁殖期间，雌龟爬上海滩挖沙坑产卵，再用后肢把卵埋入沙中，卵依靠阳光温度孵化。海龟是国家二级保护动物。

玳　瑁

嘴弯曲像鹰嘴，尾巴短小，四肢像船桨，前肢大，后肢小，背甲红棕色，带有黄色斑纹。常年生活在海里，繁殖期间在海滩上挖洞、产卵、孵化。食物以鱼虾、海藻和软体动物为主。背甲可做药和工艺品等。玳瑁是国家二级保护动物。

豹纹龟

是较大型的陆龟，体长可达58厘米。壳背高隆，每一盾片中间有一斑块，斑块四周有辐射状斑纹。该龟产于西南非洲，生活在平原、山地草甸。主要吃草，更喜吃水果。当地人们常捕猎，作为佳肴。

赤链蛇

又叫火赤链。体长约1米，头黑色，鳞片边缘暗红色，背面黑褐色，有60～70条红褐色条纹。样子可怕，但无毒。生活在田野和村庄附近，捕食鱼、蛙、小鸟等。

蟒　蛇

又叫蚺蛇、南蛇。体长可达7米多，体重60千克，是我国最大的无毒蛇。捕食时，先咬住猎物，用身体缠上几圈，将猎物勒死后吞下。一般以鼠、蛙、鸟为食，也能吞吃比它的头大几倍的小鹿、小牛和小羊等动物。皮可制革和琴膜。是国家一级保护动物。

银环蛇

又叫寸白蛇、银脚带。身上有24～33条黑白相间的环带。生活在平原、丘陵和山脚近水的地方，吃鱼、蛙、鼠和其它蛇。银环蛇是一种剧毒蛇，人被咬伤后不及时医疗，有生命危险。

眼镜王蛇

又称“大眼镜蛇”，体长可达6米。是世界上最大的毒蛇。性情凶暴，被激怒时，前半身竖立，颈部膨胀为扁形，并发出“呼呼”声，排毒量大。生活在山区树林边，捕食蜥蜴及其它蛇类。分布在我国南方和南亚、东南亚等地。

扬子鳄

也叫鼍。体长2米多，背部有六列角质鳞，四肢有蹼，尾巴粗壮有力，是捕食和自卫的武器。以鱼、蛙和鼠为食，在江滩、河岸打洞穴居，冬天在穴中冬眠，生活在我国安徽、浙江的江滩、河沼地区，是国家一级保护动物。

鳖

也称甲鱼、团鱼。吻部尖长突出，背甲橄榄色，边缘有厚实的“裙边”。四肢有蹼，善于游泳。生活在河湖、池沼中，捕食鱼、虾、螺等。鳖肉为鲜美食品，我国大部分地区都有分布。

避　役

又叫变色龙，是一种生活在树上的蜥蜴。能随环境变化而改变体色。左右眼能各自独立活动，可以不移动身体而看到四周的一切。舌头相当于身体长度，能快速射出，将昆虫粘在舌尖上吞入口中，主要吃昆虫，也吃小鸟和幼鼠。

海　蛇

尾巴侧扁。肺有气囊能贮藏空气，以便长时间潜在水下，有特殊的盐腺或舌下腺，可以排出身体多余的盐分。常年生活在海里。捕食鱼类。海蛇都是毒蛇，毒液会使人的肌肉麻痹。

竹叶青蛇

头部呈三角形，有一对红眼睛，体侧有一条红色或白色各半的纵线，尾尖焦红色，所以又称焦尾巴，有毒，但毒性不大。生活在溪边的杂草灌木丛和竹林中，常常缠绕在树枝上，体色和树枝相同，不容易被发现。

响尾蛇

尾巴末端有一串角质环，尾巴摇动时，会发出“嘎啦、嘎啦”的响声，吓跑周围的动物。眼和鼻孔之间有颊窝，能测知周围猎物的准确位置，并迅速扑过去捕食。以鼠为食，也吃小鸟、蜥蜴和其它蛇类。分布在美洲，是毒蛇。

蝮　蛇

头部呈三角形，生活在平原、丘陵的田野和住宅附近，喜欢在夜晚活动，以蛙、鼠、鱼、蜥蜴和鸟为食。蝮蛇的毒液会致人死亡。我国的蛇伤，一半以上是蝮蛇所致。

壁　虎

又叫守宫。眼睛大而没有眼睑，所以眼睛永远是睁开的。全身有小鳞，指、趾下有许多瓣膜，能在墙壁、天花板或光滑的地方爬行。遇到敌害时，尾巴会自己掉下来迷惑敌害，不久会再生出一条尾巴来。吃蚊蝇和飞蛾，是有益的动物。

飞　蜥

又叫飞龙。体长约20厘米，尾巴比身体长。在前后肢之间，有一对由皮肤膜构成的“翅膀”。滑翔时“翅膀”展开，从一棵树上滑翔到另一棵树上，也可以滑翔到地面，是爬行动物中的“飞行家”。吃昆虫，尤其爱吃蚊子。

鳄　蜥

又称雷公蜥。全身有鳞片，头高，顶平，四肢发达，有利爪，尾巴跟鳄很相像。生活在山溪、河岸的灌木丛里，一受惊吓，立即会掉进水里，隐蔽在石下。捕食昆虫，小鱼和蝌蚪等。鳄蜥生活在广西瑶山地区，为我国特产，是国家一级保护动物。

鸵　鸟

是现在世界上最大的鸟，雄鸟可高达2.75米，体重100多千克。生活在沙漠里，不会飞，而善跑，一步能跨出3米，比马跑得还快。一个鸵鸟蛋可以抵上30个普通鸡蛋大。

石龙子

尾巴很长，身体上排列着圆鳞，体表光滑。常出现在路边、石堆或草丛中，一受惊就立刻窜到石缝或洞里躲起来。尾巴易断，尾断处会再长出新的尾巴来。吃昆虫、蚯蚓等。

巨　蜥

体长2米多。是我国境内最大的蜥蜴。全身有椭圆形的鳞，四肢粗壮有利爪，能爬树，善游泳。尾巴扁长有力，能突然甩出攻击敌害。吃鱼、蛙、蛇、小鸟及小兽。是国家一级保护动物。

绉　蜥

头小尾长，全身有细鳞。受惊时能张开颈部皱起的皮肤吓唬敌害。常栖息在树上，以昆虫为食。

企鹅

生活在寒冷的南极洲，翅膀好像鳍，不能飞翔，脚趾间有蹼，善于游水，有又密又厚的羽毛，能在冰冷的海水中捕捉鱼类。

信天翁

身长约1米，展开翅膀有3米，全身羽毛白色，翅膀尖和尾巴梢黑色，头颈略带浅黄色。飞行能力极强，能在空中作长时间滑翔。鼻孔像管子，脚上有蹼。鱼虾等水生动物，是它的主要食物。

王企鹅

有锐利的嘴，颈两旁有橙黄色的斑纹，体型庞大，长达1米，体重约16千克。雌企鹅在夏天产卵，每次产一个，孵化期为52～54天。雏鸟一年后独立生活。

几维

像鸡那么大，约重2～3千克，叫声“几维几维”，所以叫几维。因翅膀已退化，又叫无翼鸟。栖息在灌木丛中，爱吃蚯蚓、昆虫、浆果等。视力较差，但嗅觉和听觉都很灵敏。

鹈鹕

又叫塘鹅，嘴很大，下颌有个如袋子般的喉囊。翅膀张开有2米多宽。善游水，常常栖息在河湖岸边，用翅膀拍打水面，把鱼赶到浅水里，张开网兜似的嘴，捞起鱼来吞食。

鸸鹋

又叫澳洲鸵鸟。身长约1.7米，重约50千克，比一般鸵鸟小些。翅膀退化，不会飞。除头颈部外，身上羽毛丰厚。主要吃植物，也吃昆虫。繁殖期间，由雄鸸鹋单独筑窠，雌鸟生的蛋也由雄鸟孵化。

军舰鸟

生活在我国南方沿海。雄鸟全身羽毛黑色，雌鸟腹部白色。军舰鸟平时不捕鱼，常在海岛上空盘旋飞翔，一旦看到海鸥或鲣鸟捕到了鱼，就从空中猛扑下来，抢走它们的食物。所以军舰鸟又称作“强盗鸟”。

鲣　鸟

和鸭子差不多大。以海里小鱼为食。常在海面上飞行。目光敏锐。每当发现鱼群，便收拢翅膀，伸直头颈，从空中俯冲入水，可以潜游到很深的水中去捕鱼。

白　鹭

又叫鹭鸶。羽毛雪白，头颈和两腿都又细又长，在湖沼的浅水区捕鱼为食。翅膀宽阔，飞翔时缓缓扇动，姿势优美。繁殖时期，头上垂着两根长翎羽，过后便消失了。

火烈鸟

又叫红鹳，是大型涉禽,多在水边活动。繁殖季节，全身羽毛呈鲜艳的火红色、颈腿细长,站立时，颈部常常弯曲成“S”形。火烈鸟有结集行动的习性，有时聚集几万只在一起筑巢、飞行，非常壮观。

鸬　鹚

常栖息在湖沼和海滨的芦苇丛中。善潜水捕鱼。鸬鹚可驯养，将环套在它的脖子上，使它捉到的鱼卡住不能吞下，渔民就利用它来捕鱼。

朱　鹮

习性和鹭差不多，因此又叫朱鹭。黑嘴红羽,色彩美丽。平时在溪流、水田边觅食，爱吃鱼虾和水生昆虫等。朱鹮是珍稀鸟类，现在世界上只有我国有野生朱鹮。

鸳 鸯

比家鸭小些，总是雌雄成对地在一起戏水、找食。雄鸳鸯羽毛美丽，雌鸳鸯是灰褐色的。平时爱吃小鱼虾，繁殖期间也吃昆虫，常在树洞中筑窝。

天 鹅

体长约1.4米。长脖子，白羽毛，体态优美高雅。夏天在北方生蛋孵雏，秋天飞往南方越冬。天鹅飞得高，也飞得远，在沼泽地或湖边过夜时，总有一二只天鹅守卫着，发现危险，会鸣叫报警。图为疣鼻天鹅。

鸿 雁

体长约80～90厘米，秋天，从北方飞到南方过冬；春天，又从南方回到北方去繁殖后代。成群的鸿雁飞行时排成“一”字或“人”字形。小鸿雁出壳后，由大鸿雁带着到水里找食。主要食物是小鱼或一些陆上植物。

绿头鸭

雄鸭头部呈绿色，颈部有一圈白环，把绿头和栗色的胸部隔开。尾巴上的几根黑羽毛向上卷曲。春夏间在北方孵育小鸭。母鸭离窝觅食时，用脱落的羽毛把蛋遮盖起来，起着保护和保温的作用。

鹅

比鸭大些，羽毛白色或灰色。嘴扁阔，额头有黄色或黑褐色的肉瘤。脚上有蹼，走路一摇一摆，却是游水能手。爱吃青草和水草。鹅会看家，看见陌生人，常常会伸长颈项，扑着翅膀昂昂地大叫。

家 鸭

嘴扁平，常在水里找食。喜欢合群，走路摇摇摆摆。脚上有蹼，善于游泳。它用嘴把尾脂腺所分泌的油脂涂抹在身上，所以游水时羽毛不湿。

褐马鸡

尾部羽毛披下，很像马尾，故称马鸡，头上有发达的耳羽，像角又像耳朵，所以又叫“角鸡” 或“耳鸡”。褐马鸡吃植物也吃昆虫，在一起找食时，总有一只站在高处“放哨”。褐马鸡是我国特有的珍贵鸟类。

鸢

也叫老鹰，是凶猛的鸟。体长约65厘米，羽毛暗褐色，尾巴像叉，翅膀下面有白斑。在高空中飞翔盘旋。目光敏锐，能在几百米高空发现地面上的小动物，然后俯冲下去扑食猎物，偶尔也袭击家禽。

红脚隼

身体长约30厘米。雄鸟全身羽毛青灰色，两脚为红色，因此叫它红脚隼。嘴如弯钩，边缘有一对齿突。以昆虫为食，特别爱吃蝗虫。喜在山区大树上筑巢。

雷　鸟

全身羽毛会随季节变换颜色。夏天为褐色，冬季为白色。雷鸟主要吃树木的嫩枝，也吃植物的种籽和果实，但很少吃昆虫。

秃　鹫

身体长约1.2米，羽毛黑褐色，头部及脖子没有羽毛，露出皮肤。性情凶猛，常在空中盘旋寻食。喜欢吃腐烂的动物尸肉，是大自然的清洁工

鹌　鹑

头小，尾羽退化，常在山区草地或灌木丛中筑巢。食物以植物为主，夏天也吃昆虫。秋后飞到南方过冬。

原　鸡

又叫茶花鸡，是家鸡的远祖。雄原鸡羽毛多为红色，胸腹黑褐色。尾部有两根状如镰刀的长翎，喜欢群栖在森林的灌木丛中。胆小，性警惕，食物以昆虫为主。

白冠长尾雉

是我国特有的珍奇鸟类。雄雉有两对 1 米多长的尾翎，羽色绚丽。京戏里武生帽上的两根长长的翎子，就是用白冠长尾雉的尾翎做的。

雉　鸡

也叫野鸡。雄雉鸡有长长的尾翎，颜色艳丽。雌雉鸡翅膀短圆，善跑。雉鸡会用身体在松针或草堆上刨坑作窝。

红腹锦鸡

俗称“金鸡”。羽毛艳丽，腹部红色，双脚细长，善奔跑，常在竹林、灌木丛间活动，晚上在松树上歇息，每年四月，在竹林或草丛中筑巢产卵。分布在我国中部和西部山区，是我国著名的特产珍禽。

孔　雀

雄孔雀尾部有一束艳丽闪光的覆羽，称做尾屏。而雌孔雀没有这种尾屏。雄孔雀在求偶时，常把尾上覆羽像扇子那样张开来，以吸引雌孔雀的注意，这就是“孔雀开屏”。图为蓝孔雀。

家　鸡

头上有肉冠，嘴下有肉垂，雄鸡的肉冠尤为发达。羽毛艳丽，好斗，习惯于清晨啼叫。母鸡则产蛋，孵雏。喜欢吃谷子、菜叶、昆虫、鱼虾等。是人们主要的畜养家禽之一。

吐绶鸡

头颈没有羽毛，裸露的皮肤上生有小瘤。喉下有肉垂。雄鸡的肉垂为火红色，因此又叫火鸡，翅膀可垂到地面，尾巴竖起时状如扇子。常常在原地踏步、旋转，因此也叫七面鸟。

丹顶鹤

又叫仙鹤，是春秋两季要迁徙的候鸟，栖息在沼泽和芦苇滩上，全身羽毛白色，头顶露出红色的皮肤，翅膀羽毛尖梢黑色，覆在背上。丹顶鹤的嘴、颈、腿都很长，姿态优美。鸣叫声响亮。

鹦　鹉

也叫鹦哥，羽毛艳丽，有红色的、白色的、绿色的、黄色的。嘴壳像一把钳子，能咬碎坚硬的果壳。脚有四个趾爪，攀爬时，外侧的一个前趾，可以向后旋转。训练后能模仿人类简单的语音。

鸽

羽毛有白色、灰色、茶褐色等。飞翔力、记忆力和视力都很强，能从几千里外飞回自己的巢。人们常驯养它来传递信件。鸽喜欢成群在天空飞翔，回巢时成对在一起，孵出小鸽后，亲鸽从嗉囊吐出乳糜来喂养刚孵出的小鸽。

银　鸥

属大型的鸥类。不但飞行能力强，而且也能游泳，喜欢成群结队在海面上飞翔，以海中鱼类为食，有时也吞食船上抛弃的食物及陆地上的野鼠和昆虫。

金　鸻

雄鸟体长约24厘米。夏季全身羽毛大都呈黑色，因为背上有金黄色斑纹，又叫“金背子”。翅膀又尖又长，飞行能力很强，秋天迁徙飞到很远的地方去越冬。脚长善走。孵小鸟时，遇到敌人会把翅膀摊开装死，引开敌人，保护小鸟。

猫头鹰

种类很多，头上有两簇耳羽的称做耳鸮。眼睛长在脸部的正面，远看很像猫的头。猫头鹰白天睡觉，晚上活动。它的视觉和听觉极好。能在微弱的光线里发现目标，飞起来没有一点声息，是捕鼠的好手。

蜂　鸟

是世界上最小的鸟类，有的甚至比黄蜂还小。蜂鸟窠只有核桃大，蛋小如豌豆。飞行时能停留在空中，把又细又长像管子的嘴插进花心去吸食花蜜，并吃小昆虫。它吸花蜜时，能传播花粉。

阿苏儿

又名娇凤。身体长约20厘米，颈部和背脊有黑色细横条斑纹，因此又叫虎皮鹦鹉。上嘴钩曲。能攀缘和倒挂在树枝上。尾羽狭长，雄的和雌的常成对在一起，外国人称它们为“情鸟”。

翠　鸟

身长约16厘米，嘴壳又直又尖，背部的羽毛翠绿色，在阳光下闪闪发光。它的巢常筑在岩坡洞穴中。爱吃水中小鱼虾，善于贴着水面飞翔。

大杜鹃

比鸽子小些，羽毛暗灰色。播种季节，它在田野间发出“布谷、布谷”的鸣叫，故称布谷鸟。大杜鹃自己不会做巢，常把蛋产在别的鸟巢里，让别的鸟替它孵化小鸟。大杜鹃最爱吃毛虫，对树木有好处，是著名的森林益鸟。

戴　胜

羽毛艳丽，头上有羽冠，有时竖起张开，好像一把扇子。嘴细长弯曲，能伸进树木和岩石的缝隙中捕食昆虫。育雏期的戴胜，尾部脂腺能散发出奇臭的分泌物，使敌害不敢靠近。它是著名农业益鸟。

琴　鸟

翅膀短而圆，不善于飞，常在地面落叶中寻找昆虫、蠕虫吃。雄琴鸟有 16 根美丽修长的尾羽。外面的一对最宽，顶端是弯曲的。这些羽毛竖起张开时，像一把竖琴。

家　燕

通常叫燕子。身体羽毛黑色，喉部红色，腹部白色。翅膀尖长，尾巴像叉。春天从南方成群飞来，衔了湿泥、草根、羽毛，在屋檐或横梁上做巢、产卵孵雏，秋天飞回南方去。爱吃昆虫，是著名的益鸟。

黄　鹂

全身羽毛为金黄色，雄鸟的嘴鲜红色，头旁有一道黑斑，翅膀和尾是黑色的。黄鹂经常在绿荫树丛中鸣叫，声音婉转动听。主要吃昆虫，每年消灭大量害虫，是益鸟。

伯　劳

种类较多，其中棕背伯劳为常见的一种，体长约28厘米，性情凶猛，有像鹰一样带钩的嘴和尖利的爪。主要吃昆虫，也吃老鼠、蛙和小鸟，食量很大。食物吃不完时，挂在窠边的树枝上，慢慢地撕着吃，它能学小鸟叫声，把小鸟引来，然后捕食。

啄木鸟

嘴又硬又尖，能啄开坚硬的树皮；脚趾能攀住树干；尾羽粗硬，可以支撑住身体。如果发现树干里有蛀虫，就啄开树皮，用长长的舌头把蛀虫钩出来吃掉。啄木鸟是护林的益鸟，人们常称它为“树医生”。

犀　鸟

嘴壳像犀牛的角。以果子、昆虫为食。生殖季节，雌犀鸟在树洞里孵卵育雏，雄犀鸟把洞口封住，只留小孔喂食。几个月后，雌犀鸟才和小犀鸟一起飞出洞来。

极乐鸟

像黄鹂那么大，雄极乐鸟有一身艳丽的羽毛。尾羽中央有两根卷曲的羽轴，好像两根蓝色闪光的金属丝。雌鸟的羽毛并不美丽。在夏天有云雾的早晨，极乐鸟常常成群地集体鸣叫、跳跃。

园丁鸟

比鸽子小些，繁殖时期，雄鸟在空地上衔细枝搭成拱形的窠，再衔些鲜花、碎玻璃、彩色贝壳、鹦鹉的羽毛等，把窠前空地装饰成美丽的“花园”。同时边跳跃边发出好听的鸣叫声，招引雌鸟来。所以叫它园丁鸟。

喜　鹊

背部羽毛黑色，并带有蓝绿色的光泽。肩上和腹部羽毛白色。尾羽较长，停栖在树枝上时，常常上下翘动。喜鹊主要吃害虫，也吃植物的种子。鸣叫的声音单调，但人们很喜欢它的叫声，认为是吉利的象征。

八　哥

身体长约24厘米，全身黑色，翅膀上有白斑，飞行张开翅膀呈八字形，故名八哥。它常常停在牛背上，啄食牛身上的虻、蝇和虱等昆虫，有时会尾随在耕牛的身后，吃泥土中的虫子。八哥善于鸣叫，经训练能模仿人类简单的语音。

画　眉

羽毛以褐色为主，眼圈白色并向后延伸，好像长长的眉毛。画眉的鸣叫声婉转好听，而且能模仿其它鸟的叫声。通常在灌木丛中穿插飞行，以昆虫为主要食物，有时也吃植物。

乌　鸦

全身羽毛黑色。春夏季节，雌雄乌鸦在树上筑成像碗似的窠，在窠里生蛋孵小乌鸦。一棵树上往往有十几对乌鸦做窠。冬季，成百上千只聚集在一起，又飞又叫，叫声难听。主要吃有害昆虫，有时也吃种子和幼苗。

缝叶莺

很活泼，常常不停地跳来跳去，在树上树下找食。它会挑选一二片大叶子，以植物纤维或棕丝等做线，用自己的长嘴当针，再靠脚来帮忙，把大叶子缝成像口袋似的窠，垫上枯草、绒羽和苔藓等，在里面生蛋孵小鸟。

黄　雀

也叫芦花黄雀。身体长约12厘米。雄黄雀羽毛浅黄绿色，嘴圆锥形，粗而短，吃松杉种子、幼芽和昆虫。常在松树顶上筑巢，巢似杯状。鸣叫声婉转动听，是人们喜爱的笼鸟之一。

白头翁

又叫白头鹎，头顶黑色，眉及头后的枕羽为白色。年岁越长，白斑越白，所以称它为白头翁。白头翁喜欢结群，常常成群结队在田野上和树林中找昆虫、草籽和浆果吃，是益鸟。

大山雀

身体比麻雀小些，头黑，面部有大白斑，又叫白脸山雀。因为鸣叫的声音“吁黑吁黑”，又称它“吁吁黑”。经常在果树、松林、阔叶林或灌木丛中间活动，一边飞一边捕虫。是保护树木的益鸟。

织布鸟

外形像麻雀。繁殖时期，雄鸟和雌鸟先选定一根合适的树枝，再像织布一样把软草一根根编上去。雌鸟在里面，雄鸟在外面，互相配合，织成一个好像瓶子那样的窠，然后在窠里生蛋、孵小鸟。

麻　雀

又叫家雀，全身灰褐色，羽毛上有斑点，常在屋檐下或墙洞、树洞里做巢。以谷粒和杂草种子为食。哺育小鸟时也捕捉害虫。15天后，小鸟就能自己出巢找食。

䴙　䴘

种类很多，形状像鸭，栖息湖泊、池塘边草丛中，筑的巢漂浮在水面上。䴙䴘游水和潜水的能力都强。潜水时，水面只露出嘴尖和眼睛，好像甲鱼游水。遇到敌害，它能用翅膀挟着幼雏，潜水而逃。

负　鼠

是一种生活在美洲热带地区的有袋类动物，但雌负鼠育儿袋不完全。体长约26厘米，尾巴比身体还要长。负鼠住在树上，主要以昆虫为食。小负鼠常爬在母负鼠背上，用尾巴缠绕在母负鼠的尾巴上，让它背着行走。

鸭嘴兽

嘴像鸭嘴，四足有蹼，适于游水。洞穴建造在水边，洞口在水下。以蠕虫、水生昆虫等为食。鸭嘴兽不是胎生而是卵生，每年10月产卵，母兽没有乳头，只分泌乳汁。鸭嘴兽只产在澳大利亚南部，是现存最原始的哺乳动物。

树袋熊

又叫考拉，样子像熊，全身的毛浓密柔软，没有尾巴。腹部有育儿袋，生下的小兽在袋里吃奶成长。出袋后，常常骑在母兽的背上。生活在澳大利亚的桉树林里，并以桉树叶为食。

大袋鼠

前肢很短，后肢特别长而有力，善于跳跃前进。母袋鼠腹部有一个育儿袋，小袋鼠生下后只有2.5厘米长，它会自己爬进母袋鼠的育儿袋吃奶。大袋鼠生活在澳大利亚的草地、灌木丛林，吃青草和野菜。

大　鸨

也叫地鹬。身长可达1米，样子像大雁。常群栖草原地带，腿很长，不善飞行，善跑，鸣管退化，几乎是个哑巴。大鸨以吃野草为主，也吃甲虫、蝗虫等。

蝙 蝠

身上有薄薄的翼膜，好像鸟的翅膀，是唯一能飞行的兽类。蝙蝠视力差，靠自身发出的超声波，可以避开障碍物，并准确地捕食昆虫。一只蝙蝠有时一天要吃3000多只害虫，对人类有益。

鼹

又叫鼹鼠。前肢有五个尖利的爪子，眼睛退化得像针孔一样小，常年在地下生活，吃昆虫和蚯蚓。因打洞挖土，伤害农作物，对农业有害。

猕 猴

又叫恒河猴。聪明活泼，行动敏捷，脸上富有表情，两颊有颊囊，可以把食物暂时藏在里面。生活在树林或石山里，吃野果、野菜等，也偷吃庄稼。常常几十只或上百只住在一起，推举一只健壮的雄猴当“猴王”，指挥和保护猴群。

懒 猴

生活在树上，行动缓慢。白天蜷缩成球状，在树洞里或树干上睡觉，晚上出来活动，以野果、嫩芽、昆虫、小鸟和鸟卵为食。懒猴生活在亚洲东南部，我国云南和广西有分布。是国家一级保护动物。

指 猴

脸短耳大，形状像猫。上肢粗壮，其中第三指特别细长，指上有利爪。生活在非洲的马达加斯加岛上，吃昆虫和植物的液汁，能用牙齿撕开树皮，伸出第三指钩幼虫吃。目前数量极少。

刺 猬

全身长着棘刺似的硬毛，生活在石缝、灌木和草丛里。常在夜间活动，以昆虫、蠕虫甚至毒蛇为食，也吃瓜果蔬菜。力气小，行动慢，碰到敌害时缩成一团，竖起棘刺自卫。到了冬天要冬眠。

长臂猿

前臂特别长，站立时双手可以碰到地面，没有尾巴。雄猿体毛黑褐色，雌猿全身黄色，行动轻快灵活。善于用双臂在树林中攀援甩荡。喜欢群居，能用响亮的鸣叫声互相联络。分布在亚洲南部和东南部，已接近绝灭。

山　魈

体格魁梧，四肢粗壮，头大尾短，站起来有1米多高，生活在非洲西部的丘陵地区。喜欢群居，性情暴烈，力气极大，即使碰到虎豹也不畏惧。以植物、鸟、鼠和蜥蜴等为食。是珍稀的观赏动物。

穿山甲

身上有鳞片和利爪，无牙，吃东西时用伸缩自由的细长舌头舔食。主要吃白蚁、野蜂等。生性胆小，碰见敌害时缩成一团，虎豹对它也没有办法，在树林潮湿地穴居。是国家二级保护动物。

金丝猴

全身长着金黄色或银灰色的细密长毛，面部为蓝色，因鼻孔大而向上斜，又叫仰鼻猴。生活在高山密林中，行动机敏，性情温顺，对小猴特别爱护。吃树叶等植物。是我国特有的珍稀动物。列为国家一级保护动物。

大猩猩

又叫大猿，是猩猩中长得最魁梧的一种。雄性身高可达2米，体重超过290千克，力大无比。生活在非洲森林里，吃各种植物嫩芽、野果。智力发达，经过训练能学会用人类的手势交谈。

狒　狒

雄狒狒个子大，站立时高达1.2米，雌狒狒小得多。吃各种野生植物、昆虫和小爬行动物。几十只或几百只为一群，有一只强健的雄狒狒做“首领”。分布在非洲东北部和亚洲的阿拉伯半岛。

飞　鼠

样子像松鼠。前后肢之间有宽大多毛的飞膜，能爬到树顶向下滑翔飞行，同时发出尖叫声。生活在树上，白天休息，晚上出来活动，以果实为食。主要产在东南亚的丛林里。

松　鼠

又叫灰鼠，身短尾长，蓬松的尾巴常向上竖起。行动敏捷，视觉和听觉发达。在树上做球形的巢。爱吃松子、胡桃，也吃昆虫、鸟卵。我国东北和西北各地都有分布，是重要的毛皮资源之一。

豪　猪

身上有又密又长的刺，像一支支利箭，所以又叫箭猪。生活在小坡、草地或密林中，遇见敌害时，竖起臀部的长刺自卫。以草根、野果为食，也偷吃玉米、瓜果、蔬菜等农作物，是害兽。

跳　鼠

前脚短，后脚长而有力，善于跳跃，一次能跳0.6～1.8米，并用尾巴保持身体平衡。生活在荒漠地带，主要吃植物。分布在欧洲、亚洲和非洲。我国有三趾跳鼠、五趾跳鼠、羽尾跳鼠等。

家　兔

是一种小家畜。上唇有裂缝，耳朵长，善蹦跳，速度快，喜爱在干燥处栖居，耐寒冷，吃青草和蔬菜。家兔繁殖力很强，母兔一年产小兔50只左右，家兔的皮毛可用，肉可食。

褐家鼠

又叫沟鼠，一般住在房屋里或野外，也能住在火车和轮船里。吃种子、果实和各种肉类，一般晚上出来活动。繁殖能力强，一年产2～8胎，每胎生小鼠6～11只。褐家鼠偷吃东西、咬坏衣物、危害庄稼，是害兽。

海 豚

体长2米左右，生活在海洋里，爱吃小鱼、乌贼等。常常几十头或几百头聚在一起尾随船只而游。海豚大脑特别发达，模仿能力远远超过猴子、猩猩。它的两个脑半球可以轮流休息，所以永不疲倦。

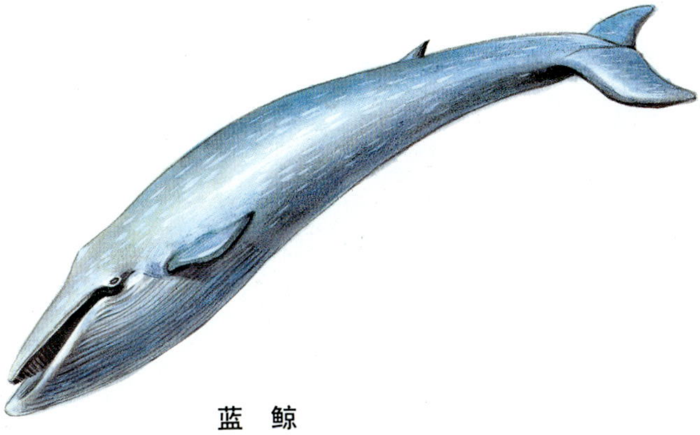

蓝 鲸

生活在深海中，体长可达30多米，体重150吨，有30多只大象那么重，是世界上最大的哺乳动物。即使刚生下的小蓝鲸，体重也可达7吨左右。呼气时，头顶的鼻孔喷出一股10米多高的雾柱。嘴大，无牙，一天要吃4～5吨磷虾。

豺

外貌像狗，又叫豺狗。生活在丘陵的森林里，吃兔、鼠等小动物，也吃叶子和腐肉。胆大凶狠，行动敏捷，常常成群活动，捕杀小鹿、山羊，甚至敢于进攻水牛等大型动物。豺群常危害家畜，是害兽。

狼

和家犬相似。个子较大，生活在欧洲、亚洲、北美洲的山地、平原或森林，性情凶残，狡猾多疑。平时单独或成对活动，冬天群居，吃鹿、兔、成群野禽等，也偷盗牛羊鸡鸭，是危害畜牧业的害兽。

家 犬

又叫狗，是人们最早驯养的家畜之一。牙齿尖利，嗅觉灵敏，跑得很快。皮肤上没有汗腺，暑天或剧烈运动时，把舌头伸出嘴外散热。常见的有猎犬、警犬、牧羊犬、观赏犬等。极地的北极犬，还用来拉雪橇。

红 狐

即狐狸，生活在森林、草原的树洞或土洞里。傍晚出来寻食，主要吃鼠类，也吃昆虫、蛙、鱼和小鸟。嗅觉听觉灵敏，行动敏捷机警，能够避开猎人的陷阱或捕兽器。

大熊猫

又叫大猫熊。身体肥胖，性情温和，行动迟缓，爬树却很敏捷。主要吃竹子。大熊猫是一种古老的动物，被称为“活化石”。生活在我国四川、陕西和甘肃等地区的深山竹林里，是我国特有的珍贵动物，国家一级保护动物。

小熊猫

又叫小猫熊。头部像猫，动作也像猫一样灵巧，吃野果、昆虫和小鸟等。吃东西以前，常常先把东西放在水里洗一下。生活在云南、四川和西藏等地的高山密林里，是国家二级保护动物。

黄　鼬

俗称黄鼠狼。住在岩石洞或树洞里，喜欢在晚上活动，爱吃老鼠，也吃蛙、昆虫、小鸟等。碰到敌害时，肛门口的一对臭腺会放出臭气，使敌害逃走。

北极熊

又叫白熊，生活在北极区。身高体胖。脚掌肥大多毛，走在冰雪上可以防滑保暖。全身的毛像冰雪一样洁白，不怕寒冷，能持续长距离远游，食物以海豹和鱼类为主。

黑　熊

又叫狗熊，生活在树林中，以松子、板栗等植物为食，也吃鱼、蛙、小鹿、松鼠等。性情孤独，行动缓慢，但力气很大，能游泳、爬树，也会直立走路。冬天在树洞或倒木下冬眠。是国家二级保护动物。

鬣　狗

体形像野狗，长相丑陋。头圆颈短，颈背上有较长的鬣毛。生活在热带、亚热带草原、丘陵和半沙漠地区，夜晚出来觅食、活动。鬣狗胆小，以猛禽猛兽吃剩下的腐肉为食。另有一种斑鬣狗则性情凶猛，常常主动袭击羚羊等。

小灵猫

又叫香狸。样子像猫，但嘴尖长。臀部有袋状的香腺，分泌“灵猫香”。小灵猫常用臀部在木桩、石头等凸出物上摩擦，以香味做信号，用来跟别的小灵猫联络。特别爱吃鼠类，也吃蛙、蛇、蟹和昆虫等。

獾

又叫猪獾。前爪长而有力，善于挖洞，洞穴安在山坡荒野处。喜欢夜间活动，冬天在洞里冬眠，吃植物的叶、茎、果实以及昆虫、鼠、蛙、鸟等，也偷食庄稼。

獴

身体和尾巴都很长，爪子尖利，动作灵活，生活在热带、亚热带丛林里，吃各种小鸟、鼠、鱼、蟹、蛙等。碰到毒蛇，会竖起全身的毛，并发出“叽叽”的叫声，在蛇两侧跳来跳去，找准机会咬住蛇头，把蛇咬死。

水　獭

全身咖啡色，脚上有蹼，是游水能手，潜水时鼻孔和耳孔可以关闭。在水边挖洞居住，洞口一个在水下，一个通地面。白天躲在洞里，晚上出来活动，主要吃鱼，也吃青蛙、螃蟹和水鸟。是国家二级保护动物。

大灵猫

体长1米左右，重约10千克，背中线有一道鬣毛，生活在我国长江以南各省，印度及马来西亚森林中也有分布。以鼠等小动物为食。香腺特别发达，因能分泌珍贵“灵猫香”，已开始人工饲养。

紫　貂

又叫黑貂、林貂。样子像黄鼬，喜欢在树洞、石堆下做窝。奔跳灵活，爬树敏捷，以老鼠等小兽小鸟为食。紫貂分布在亚洲北部、我国东北和新疆等地的森林里。它的皮毛珍贵，是国家一级保护动物。

家　猫

是人们最早驯养的家畜，性情驯良，听觉发达，行动敏捷。眼睛的瞳孔，可自行放大缩小，善于在黑暗中看清目标。脚掌下有厚肉垫，行动无声。喜欢吃老鼠和鱼。

猎　豹

形体像猫，四肢细长，行动敏捷。生活在广阔的非洲大草原上，吃羚羊、角马和斑马等。追捕猎物时，每小时奔跑速度达113千米，是世界上跑得最快的动物。性情凶暴，但经过训练可以作为猎人的“助手”。

虎

大型猫科动物，住在深山密林中野草丛生的地方。性情凶猛，牙、爪尖利，一般在夜晚单独出来活动，捕食野猪、鹿、獐等动物。我国有东北虎和华南虎，东北虎濒临绝迹，是国家一级保护动物。

猞　猁

重约20千克，耳端有长毛，尾短，性情凶猛，行动敏捷。舌面有厚的角质钩状突起，便于舔食坚韧的骨和肉，吃各种小型动物。分布在北半球。我国新疆和西藏等地区也有分布。

黑　豹

全身覆盖黑色的毛，隐约可见斑纹，是豹的一种变异形态。大都分布在东南亚一带的森林里。

狮

雌雄外形明显不同，雄狮颈部有蓬松的长鬣毛，威武雄壮，雌狮没有鬣毛。生活在非洲树木稀少的草原。雌雄狮常带着幼狮一起活动，捕食斑马、羚羊、长颈鹿等有蹄类动物。

儒 艮

体长2米左右，重约400千克，前肢像鱼鳍，后肢退化，尾鳍呈叉形，有一对乳房，位于胸部，喂奶时母兽用一只前肢抱住幼仔。喜欢群居，吃水生植物。分布在亚洲热带海湾及我国南部沿海，是国家一级保护动物。

海 豹

身长约1.5米，四肢粗短，趾间有蹼膜，善于游泳，也能在海滩上靠身体的屈伸向前蠕动。以鱼类为食，大部分时间在海里生活。每年二月，在浮冰上生育小海豹。

象

是世界上最大的陆栖食草性哺乳动物，体重6吨左右，长筒状“象鼻”，能做很多动作。鼻孔开口于鼻端，耳成扇状，四肢粗壮。象的视觉迟钝，嗅觉却很敏锐。象成群生活，以各种植物为食，寿命一般在60年左右。

马

是一种较大的家畜，四肢强壮，叫声响亮，性情温驯，听觉和嗅觉都很灵敏，善奔跑，有耐力，并能认路。驯养的家马会拉车、驮运以及供人坐骑。

海 狗

又叫膃肭兽。雄海狗身长约2.5米，雌海狗较小。喜欢成群生活在海洋里，有时在海滩爬行，后肢可弯向前方。冬春季从北太平洋向南洄游，夏秋季再回到白令海峡中的岛上生殖。捕食鱼类，特别爱吃乌贼。

海 象

长着一对长獠牙，如象牙，并以此挖地找食。雄兽体重1500千克，雌兽约重900千克，生活在白令海峡、北极沿岸等地，是大型海洋动物。喜欢吃螺、蛤、乌贼等，也捕食海豹等海洋动物。

野　猪

是家猪的祖先。雄猪有獠牙露出唇外，是自卫和进攻的武器，游荡于草地、森林或灌木丛中。奔跑迅速，会游水。生性胆小，但在受到伤害后，会变得特别凶猛。经常大片糟蹋庄稼、竹林，是害兽。

家　猪

由野猪驯化而成。性情温驯，适应力强，能吃各种饲料，汗腺不发达，天热时爱在潮湿的地方打滚以降低体温。猪的肉可食用，猪皮是皮革制品的原料，我国已有6000年以上的养猪历史。

犀

也叫犀牛，身体粗壮，皮肤粗硬厚韧，体毛稀少，鼻子上长着一只或两只角，是名贵的药材，生活在非洲热带潮湿的密林里，喜欢在沼泽或水塘里洗水浴或泥浴，吃嫩枝、嫩芽和野果。是国家保护动物。

斑　马

头部像马，身体像驴，全身有横斑。听觉、视觉和嗅觉都很灵敏，奔跑速度快，每小时可达40千米。成群生活在非洲的草原或树林里。常常和角马、鸵鸟生活在一起。

驴

常见的家畜，比马矮小，耳朵长大，叫声响亮而有节奏。性情驯良，耐力强，能驮着重物走崎岖山路。

角　马

头部像牛，身体像羚羊。有角，长胡须，脖子粗短，生鬃毛，尾巴像马。生活在非洲树木稀少的平原和草区，喜欢成群结队地生活在一起，常跟鸵鸟、斑马共同觅食与活动，以防止狮子等敌害的突然袭击。

骆 驼

体形高大，背上有驼峰，分单峰和双峰两种。浓密的眼睫毛，自动开关的鼻孔，长满毛的耳朵，都能阻挡风沙;脚掌厚大，能在沙漠里行走自如。耐热、耐渴，是适应沙漠生活的动物，分布在西亚以及我国的西北地区，野双峰驼是国家一级保护动物。

驯 鹿

颈部灰白色，尾为白色,体毛会随季节变化,雌雄鹿都有长长的枝形角，性情温和，不怕冷，善游泳，以嫩枝、地衣、谷类和草类为食。分布在寒带地区，如我国大兴安岭西北部等地。人们驯养驯鹿，用来驮运东西和拖雪橇，肉可食用。

矮河马

体长2米，体重1～2吨。头大脚短，鼻孔朝天，眼睛和耳朵生在头顶上，潜水时露出水面。习惯于成群地生活在非洲的大河、湖沼。食量大，一天能吃几十千克水生植物。

羊 驼

有大羊驼和小羊驼两种，个子比骆驼小，背脊没有肉峰;耳朵尖长，头颈长，形似绵羊，故称羊驼。爱合群。南美洲的家畜——驼羊，是从大羊驼驯化来的。羊驼能驮运货物，肉供食用，毛是毛织物的优良原料。

梅花鹿

棕色体毛上有许多白斑，形状像梅花。雄鹿有角，每年脱换一次，角呈枝形。生性胆小，行动敏捷。成群地生活在有森林的丘陵地带．以青草、树叶、嫩芽等植物为食。

麋 鹿

又叫“四不像”，雄性有角，尾巴长，性情温驯，以植物为食。外形兼有鹿、马、驴、牛的特征，所以又叫它“四不像”。麋鹿是我国的特产动物，野生的麋鹿已绝迹。

长颈鹿

高可达6米，是陆地上最高的动物。头顶有一对凸起的眼睛，视力很好。吃树叶。饮水时，因个子太高必须将两脚支开。生活在非洲撒哈拉南部草原。通常小群活动。属珍稀动物。

羚　羊

种类很多。四肢细长，蹄小而尖。藏羚是我国西藏高原的特产，胆小怕人，雄羚羊有笔直向上的角，常结成小群活动。鬣羚，颈上有长鬃毛，耳大角短，生活在悬崖峭壁的高山地区。藏羚和鬣羚分别是国家一、二级保护动物。

牦　牛

遍体长着又长又密的黑褐色毛，几乎拖到地上，生活在我国青藏高原，善于攀山越岭，极耐饥寒，有“高原之车”之称。牦牛的祖先野牦牛，是我国一级保护动物。

绵　羊

反刍家畜，身上的毛又多又密，大多是纯白的。生性胆小，喜欢成群活动，有一只健壮的公羊领头。吃青草和嫩叶。肉可食用，毛是纺织工业的重要原料。

水　牛

身体粗壮、皮厚毛稀，长一对粗扁的弯角，汗腺不发达，天热经常要浸在河水中散热，腿短蹄大，适宜水田耕作。吃饲料时先粗嚼吞下，再送回嘴里细嚼，是一种反刍家畜。

麝　牛

比普通的牛小，头大而阔，四肢粗短，毛长呈褐色。身上散发像麝香一样的气味。栖息在多岩石的荒芜地方，现仅分布在美洲北部地区。

植物图谱

审　　校

华东师范大学生物系教授

冯　志　坚

上海市植物学会理事

裘　树　平

编　　文

冯志坚　　徐东达

绘　　图

邱　力　　唐庆瑜　　李根龙　　潘宏生

王海林　　童子毅　　戴晓明　　瞿今繁

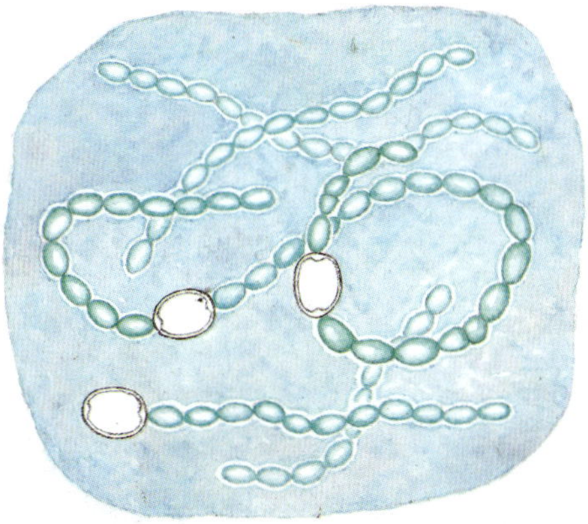

水　绵

藻体由筒状细胞连接而成，呈单列不分枝的丝状体。细胞中央为液泡，细胞核悬在中间。色素体鲜绿色，带状，沿细胞壁四周作螺旋状排列。常生长在平静的淡水中。

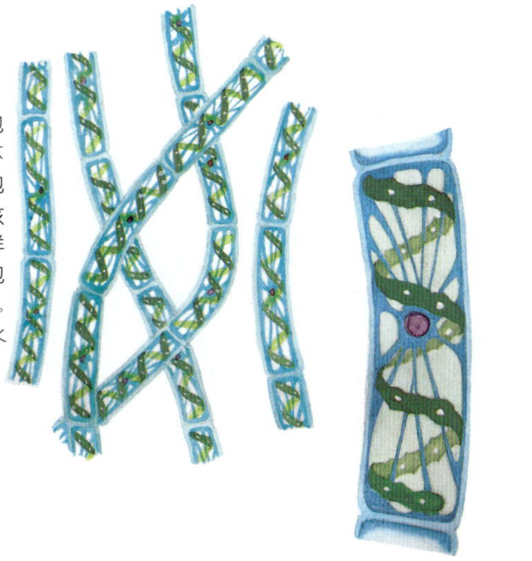

念珠藻

藻体由多数不分枝的念株状丝状体交织而成，细胞呈球形，含叶绿素 A 和藻蓝素，使藻体呈蓝绿色，以分裂方式进行繁殖。生于水中、潮湿土壤中或石上。念珠藻类中的地木耳、发菜等可供食用。

浒　苔

又称“苔条”。藻体呈绿色，是由单层细胞组成的中空管状体，主枝明显，分枝细长。浒苔是世界性的温带性海藻，我国沿海均有分布，发育早期常常丛生在岩石上，成长后在水中自由漂浮。藻体晒干后可供食用，也可作饲料。

刺松藻

又名海松。藻体呈深绿色，海绵质，高10～30厘米，复叉状分枝，圆柱形。刺松藻是世界性泛暖温带性海藻，我国沿海均有分布，生长在岩石上或池沼中。可供食用或药用。

衣　藻

一种生活在淡水里的绿藻。藻体是一个卵形单细胞，前端有两条能游动的鞭毛，旁边有一个能感光的桔红色眼点。衣藻种类很多，适应性强，广泛分布在水沟、洼地中，能使水色变绿。衣藻含有丰富的蛋白质，是鱼类的天然食料。

鹧鸪菜

藻体紫红色，纤细柔软，直立丛生，分枝繁多而不规则。鹧鸪菜为泛亚热带性海藻，我国浙江南部、福建、广东沿海均有分布，生长于河口附近的水中或堤岸上。藻体供药用。

羊栖菜

藻体褐色，肉质，高可达2米，主枝圆柱形，分枝互生。叶呈棍棒状，基部有假根。羊栖菜是北太平洋西部特有的海藻，生长于风浪较大的岩石上，我国沿海均有分布。藻体可供食用和药用，是制胶工业的原料。

紫　菜

藻体为紫色片状，有卵形或圆形等多种形状。是冷温带性或暖温带性海藻，我国沿海均有分布。藻体供食用。

石花菜

藻体紫红色，高约10～15厘米。扁平羽状分枝。我国沿海各地以及日本、朝鲜、原苏联等太平洋沿岸地区均有分布。生长在沿海岩礁上。藻体可供食用，还可提取琼胶。

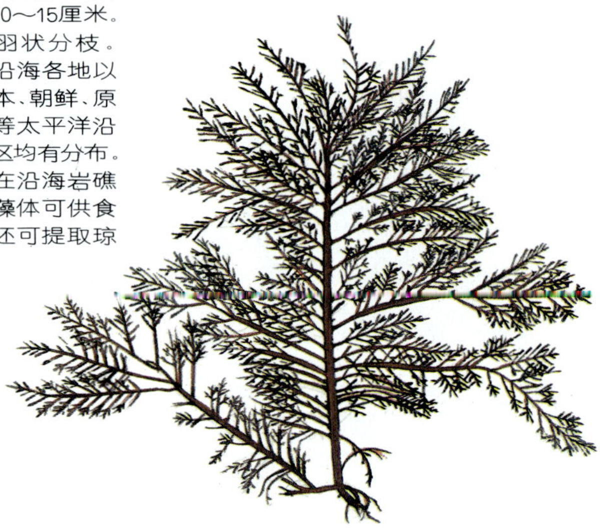

裙带菜

藻体褐色，叶状，革质，有1米多高，中间隆起，两侧羽状分裂，基部有假根。裙带菜生长在风浪较大的岩石上或池沼中，我国的黄海和渤海一带均有分布。藻体供食用、药用和制胶工业用。

海　带

藻体为褐色，带状，有光泽，长达2～3米，基部有固着用的假根。海带产于太平洋沿岸，我国辽宁、山东沿海都有分布。藻体可供食用或药用，是制碘工业的原料。

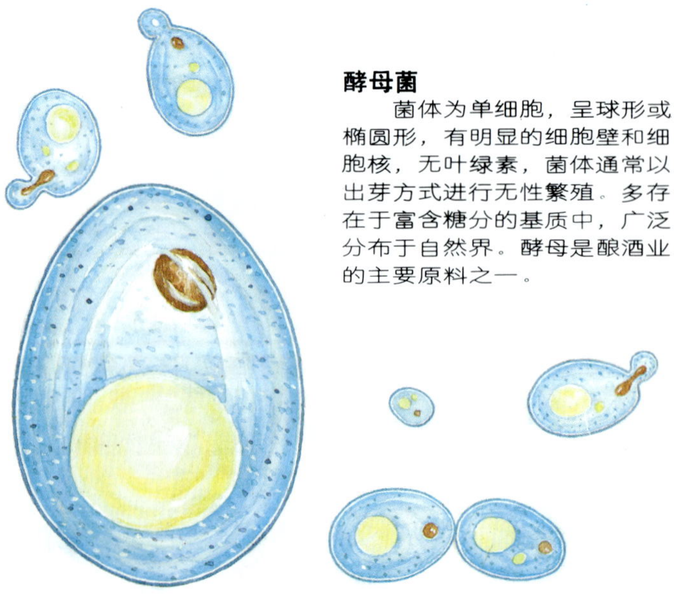

酵母菌

菌体为单细胞，呈球形或椭圆形，有明显的细胞壁和细胞核，无叶绿素，菌体通常以出芽方式进行无性繁殖。多存在于富含糖分的基质中，广泛分布于自然界。酵母是酿酒业的主要原料之一。

灵 芝

菌盖呈半圆形或肾形，柄侧生，黄褐色或红褐色，有漆状光泽。广布于北半球温带，我国南北各省均有分布，生于阔叶林、竹林等树桩或腐木上。为著名中草药，具有滋补强身作用。

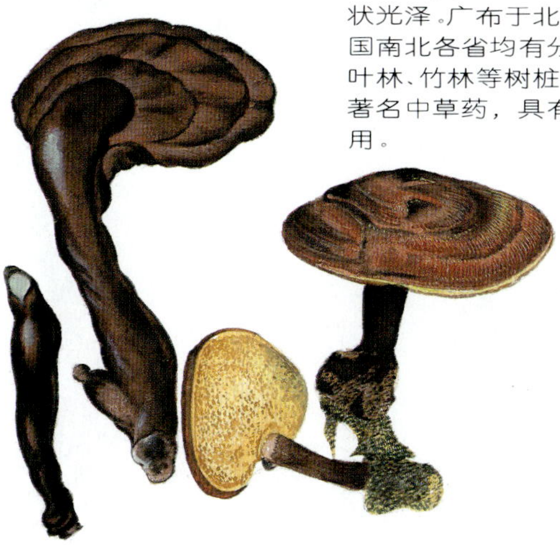

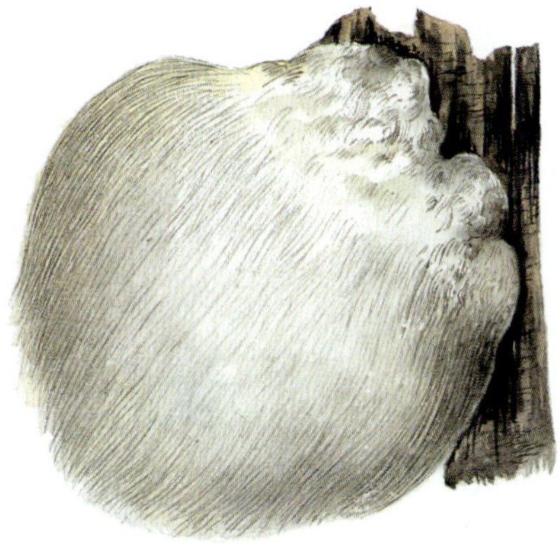

猴头菇

菌体肉质，呈白色团块状，菌针长2～6厘米，覆盖于菌体的中、下部，整个样子像猴头。分布于我国东北、华北、西北和西南等省区，生于栎、胡桃等树的立木及枯木上，也可用木屑进行人工培养。菌体供食用或药用，有助消化、滋补、抗癌等功效。

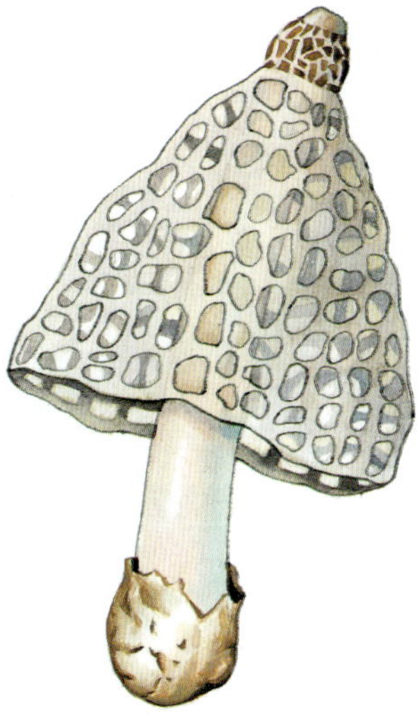

竹 荪

菌体呈笔形，高达20多厘米。顶部有钟状菌盖，暗绿色，有臭味。菌盖下有白色网状菌幕，下垂如裙，长达20厘米，网眼多角形。菌柄白色，中空，菌托球形，灰白色或粉红色。夏季生于竹林中。产于我国广西、海南、四川、云南等地。切下菌盖，晒干后可供食用。

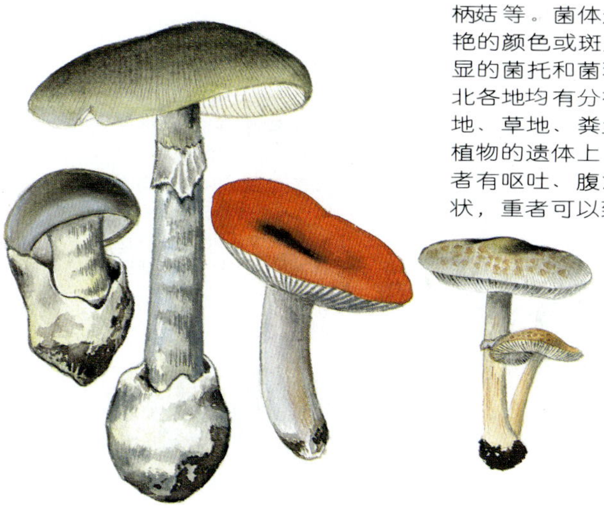

毒 菇

是有毒的伞菌类真菌，如毒伞、毒红菇、褐鳞环柄菇等。菌体通常具有鲜艳的颜色或斑点，或有明显的菌托和菌环。我国南北各地均有分布，生于林地、草地、粪土、树木及植物的遗体上。误食后轻者有呕吐、腹泻等中毒症状，重者可以致死。

银 耳

又名“白木耳”，菌体纯白或淡褐色，由许多半透明的皱褶瓣片组成，形状像鸡冠。我国华东、华南、西南各省区均有分布，生于栎、柳等阔叶树朽木上，各地多进行人工栽培。菌体食用或药用，有补气、强心等功效。

羊肚菌

菌体由菌盖和菌柄组成。菌盖呈椭圆形或圆锥形，表面有许多不定形的凹坑，似翻转的羊肚，所以叫羊肚菌。春夏间生于阔叶林中的地上，分布于我国河北、山西、甘肃、青海、新疆、四川、云南等地。是优良的食用菌种之一。

松　萝

又名"云雾草"。形状如树枝，直立或悬垂，长达1米以上，淡灰绿色，基部附着于树干上。常大批悬垂在高山针叶林枝干间，少数生长在石头上。我国的东北、陕西、浙江、江西、湖北、湖南、四川等地都有分布。全株可供药用。

粗叶泥炭藓

苔藓植物。植物体为淡绿色，基部带红色。茎细长，无假根，紧密丛生，下部逐渐死亡，上部不断生长。广布世界各地，以北温带最多，生于沼泽和积水林地。全株加工后可代脱脂棉使用。

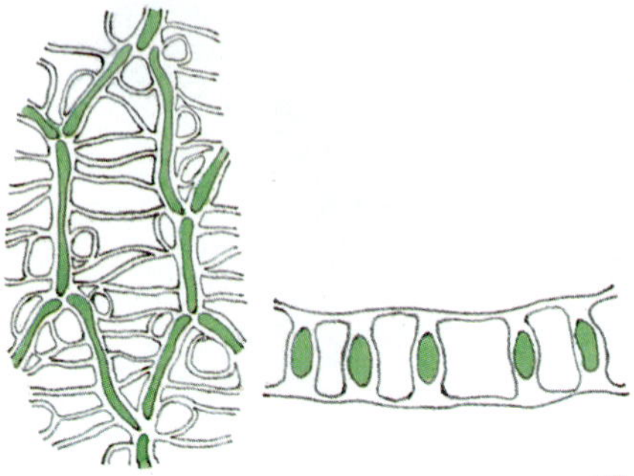

羽枝青藓

植物体黄绿色。茎匍匐生长，不规则分枝，下面有假根，叶密生。我国各地均有分布。亚洲东部、欧洲、北美和新西兰也有分布。生于土壤或岩面薄土上。

地　钱

苔藓植物。植物体呈片状，扁平。匍匐生长，背面绿色，腹面有紫色鳞片及假根。雌雄异株，通常以孢芽进行营养繁殖。我国各地都有分布，生于富含有机质的阴湿土地上。植物体含金鱼草素、柠檬酸及糖类，可供药用。

石　松

蕨类植物。多年生草本，茎匍匐蔓生，常二叉分枝。叶线状钻形或针形，螺旋状排列。孢子囊穗圆柱形，有长柄。分布于我国东北、内蒙古、河南及长江以南各省区。石松可供药用，孢子是铸造工业的原料。

问　荆

蕨类植物。多年生草本。茎圆柱形，中空，有节，并有营养茎和生殖茎的区别，生殖茎紫褐色，不分枝，顶端生孢子囊穗。叶退化，下部联合成鞘状。产于我国东北、华北、西北和西南等地。全草可供药用。

毛边光萼苔

体色为黄绿色或褐绿色，茎匍匐在地，分枝多状。雌雄异株，胞蒴球形。常附生于树干或阴湿的石壁上。我国长江以南，以及朝鲜、日本、印度、锡兰、印度尼西亚和菲律宾都有分布。

槐叶苹

小型草本，漂浮水面。茎细长，褐色。叶三列，其中二列浮于水面，像槐叶，另一列悬垂水中，细裂成须根状。生长于我国东北、华北及长江以南等省区，亚洲和欧洲也有分布，常生于沟塘、水田、溪河等水面。全草可供药用。

阴地蕨

植株瘦弱，高15～45厘米。叶有两种类型。孢子叶具长柄，孢子囊穗圆锥形，营养叶宽三角形。分布于我国长江流域及福建、台湾、广西及喜马拉雅山等地区。日本、朝鲜、越南亦有分布。全草可供药用。

七指蕨

多年生草本，高30～55厘米。根状茎粗壮横走。近顶部生有一 二片营养叶。孢子囊穗单生，常高出营养叶。分布于亚洲热带和澳大利亚，我国分布于台湾、海南和云南等地。嫩叶可作蔬菜食用，根状茎可供药用。

鸟巢蕨

多年生附生草本，高50～100厘米。根状茎短。单叶丛生，形状像鸟巢。叶片矩圆状披针形，孢子囊群侧生。分布于我国福建、台湾、广西、海南、云南等省，是一种观赏植物。

桫　椤

又名“树蕨”，木本植物，高3～8米。叶丛生于茎顶，三次羽状分裂，叶片长达1～3米，孢子囊群生于小脉分叉点上。分布于我国南方各地。茎含淀粉，可供食用，是我国一级保护植物。

铁　树

常绿乔木，树干粗壮。叶集生在茎顶，大型，坚硬，羽状分裂，裂片线形，边缘向下卷曲。雌雄异株，球花生于茎顶，种子核果状。我国产于台湾、华南、西南各省区。常作庭园观赏树栽培。干髓部含淀粉，供食用。种子及大孢子叶可入药。

落叶松

落叶乔木，高达35米。叶线形，柔软。雌雄同株，雌球花生于短枝上，当年成熟。分布于我国大小兴安岭和原苏联远东地区。木质坚韧，供建筑、舟车用材。树皮可提取栲胶，树干割取树脂，也可作观赏树。

银　杉

常绿乔木，高达20多米。叶两型，长在长枝上的散生，短枝上的为轮生。球果卵形。是我国特有孑遗植物，国家一级保护植物。产于湖南、广西、贵州、四川等地。树姿优美，可供观赏。木材供建筑、造船等用。

银　杏

又名“白果树”。落叶乔木，高达40余米。叶扇形，叶脉二叉分出。早春开花。种子核果状，橙黄色，中种皮白色，骨质。我国普遍栽培。为第三纪孑遗植物，被称为”活化石”，是我国二级保护植物。为庭园观赏树。木质优良，可作建材。种仁可食用或药用。

蕨

多年生草本，根状茎密生黑褐色茸毛。叶大型，羽状分裂。孢子囊群生于叶背边缘。广布于我国各地。幼叶俗称“蕨菜”，是著名的山菜。根状茎含淀粉，称“蕨粉”，供食用或酿酒用，也可入药。

鹿角蕨

多年生附生草本，有肉质根状茎。茎生叶无柄，灰绿色，下垂，呈鹿角状。分布于缅甸、泰国、中南半岛和马来半岛等地，我国仅分布于云南西南部。形态奇异美丽，可供观赏。为我国二级保护植物。

马尾松

常绿乔木，高可达40米。叶呈长针形，细柔。球果卵形，种子长卵圆形，有翅。原产我国淮河，汉水流域和四川以南地区。木材供建筑、造纸等用。树干可割取松脂，是提炼松香和松节油的主要原料。种子榨油，可食用。植株各部均供药用。

罗汉松

常绿乔木，枝叶稠密。叶线状披针形。春季开花。种子卵圆形，生长在肥厚、肉质的紫红色种托上，样子像罗汉参禅，故名“罗汉松”。分布于我国长江以南各省区，公园或庭园广为栽培。是常见的观赏植物。

雪　松

常绿大乔木，高达50米，枝条轮生横展，小枝下垂。叶针形。雌雄异株。球果呈椭圆形，长7～12厘米，第二年成熟。产我国西南部喜马拉雅山，为世界四大园林观赏树种之一，我国各地均有栽培。木质坚实致密，是建筑和造船的优良材料。

金钱松

落叶乔木，高达40余米。叶线形，柔软，伸展排列成圆形，秋季叶转为黄色状如金钱。球果卵形，当年成熟。是我国特有树种，产于长江流域山地。世界四大园林树种之一，我国二级保护植物。木材黄褐色，为建筑业用材，树皮可供药用。

水　松

落叶乔木，高达25米。树干基部常膨大，有呼吸根。叶两型，苗枝上叶为针形或线形，老枝上叶呈鳞形。球果卵形。我国特产，国家二级保护植物。分布于江西、福建、广东、广西、四川、云南等地。木材耐水湿，可作桥梁等用。根材轻松，浮力大，是作救生圈、木塞的优质材料。

杉

又名“沙木”。常绿乔木，高达30余米。线状披针叶形，有锯齿。球果卵圆形，当年成熟，种子近圆形，扁，两侧有翅。产于我国南方各省。木材结构细致，易加工，耐腐蚀，可作造船、造桥之用，是我国重要的用材树种。树皮、根、叶都可入药。

侧柏

又名“扁柏”。常绿乔木，高达20多米。枝扁平，互生，排列成一个平面。叶小，鳞形。球果长卵形，种子无翅。产我国与朝鲜，分布甚广，常人工栽培。是常见的观赏植物。木材坚实，耐腐朽，供建筑等用。嫩枝可入药。

木菠萝

又名“菠萝蜜”。常绿乔木，高十多米，有乳汁。叶倒卵形或卵形，全缘。花小，雌雄同株，着生在树干或主枝上。聚花果长30～60厘米，重10～20千克。原产印度和马来西亚，我国南部等地有栽培。果食用，种子炒食用。木材供制家具用，木屑可作黄色染料。

麻　黄

草本状灌木，枝丛生。叶鳞片形。初夏开花，花单性，雄球花侧生，雌球花顶生。种子包藏在红色的肉质苞片内。产于我国北部。茎枝和根含有麻黄碱，可供药用。

水　杉

落叶大乔木，高达35米。叶条形，羽状，交互对生成两列。雌雄同株。球果呈棱球形或短圆筒形。是我国特有的孑遗植物，国家一级保护植物。原产四川、湖北、湖南等地，现在国内外广泛引种栽培。木质轻软，供建筑、造纸等用。

巨　杉

常绿大乔木，高可达100多米，胸径10米，树龄可超过3000年。叶鳞状钻形。球果椭圆形，下垂，第二年成熟，种子两侧有宽而薄的翅。原产美国加利福尼亚。木材可供建筑等用，也为观赏树。

桧

又名“圆柏”。常绿乔木，高达20余米。幼枝上的叶为针形，常三叶轮生。老枝上的为鳞形，交互对生。球果近球形，肉质，不开裂。我国各地都有分布。木材细致、坚实，是上等建筑材料。枝叶供药用，种子可制润滑油。

杨　梅

常绿乔木。叶倒披针形或倒卵状椭圆形。花雌雄异株，春季开花，初夏成熟。果实核果状，密生多数囊状体，球形，有紫红、暗红、淡红或白色。为特产果树。分布于我国长江流域以南各省。果供鲜食或加工用，木材可作细木用材。

栗

又名“板栗”。落叶乔木，高可达20米。叶椭圆状矩圆形，叶缘有刺毛状锯齿。初夏开花，雌雄同株。壳斗球形，密生针刺，内藏2～3枚坚果。原产我国，为重要木本粮食树种，我国各地广泛栽培。果供食用，木材坚实，供枕木、矿柱等用，叶可饲蚕，树皮可制栲胶。

榧

常绿乔木，高达25米。叶片线状披针形，坚硬。雌雄异株，春末开花，次年秋天成熟。种子核果状。是我国特有的果树，产于安徽、浙江、江西、福建等省，以浙江诸暨最负盛名。种子为著名干果“香榧子”，可榨油，也可入药，木材耐水湿，是造船的上等材料。

百岁兰

多年生植物，寿命可达百年以上。茎粗短，两侧各生一片永不凋落的带状叶片，基部不断生长，梢部不断死亡。花雌雄异株，穗状花序。种子带翅，能随风飘散。原产非洲西南部沙漠中，我国有少量栽培。为观赏植物。

山核桃

又名“小核桃”。落叶乔木，高达20米，小枝髓部实心。羽状复叶，披针形。花雌雄同株。核果倒卵形，有四棱。原产于我国浙江、安徽两省，以浙江临安产最有名。供食用或榨油。木质坚韧，供制枪托、工具柄等用。

南洋杉

常绿乔木，高可达50米，枝轮生开展。叶卵形。球果椭圆形。原产大洋洲，我国南方栽培。为世界四大园林观赏树种之一。木材供建筑用，还能产树脂。

枫　杨

又名“麻柳”。落叶乔木。小枝有片状髓心。羽状复叶，叶轴有翅。春末开花，雌雄同株，葇荑花序下垂。坚果两侧有翅。分布我国南北各地，常生于溪边或河谷低地。木质轻软，可制箱板、火柴梗等用。树皮可取纤维制绳索，种子可榨油。

榆

又名“白榆”。落叶乔木，高可达25米。叶互生，椭圆状卵形。边缘有锯齿或重锯齿。早春先叶开花。翅果近圆形或倒卵形，顶端凹陷。产于我国北部，长江以南平原地区常栽培。为重要的造林和绿化树种。木材供建筑，车辆等用，嫩果可食用，树皮纤维可代麻用。

杜　仲

落叶乔木，高达20米。植物体含硬性橡胶。叶互生，长椭圆状卵形，边缘有锯齿。春季开花，雌雄异株，无花被。翅果扁平，椭圆形。我国特产，分布于我国中部和西部。国家二级保护植物。杜仲胶为重要工业原料，树皮药用。

垂　柳

落叶乔木，高达18米。幼枝细长下垂。叶披针形或线状披针形，边缘有细锯齿。早春先叶开花，雌雄异株。蒴果，种子小，有白色丝状长毛，俗称“柳絮”。我国长江流域及以南平原地区，广为栽培。木材轻软，可供制家具用。又为观赏树或行道树。

胡　桃

又名“核桃”。落叶乔木，高可达30米，枝有片状髓心。羽状复叶，初夏开花，雌雄同株。核果球形，内果皮坚硬，有皱襞。产于我国新疆、黄河流域等地区。为优良的木本油料植物，果供食用、榨油或药用。木材坚韧，供雕刻等用。

桑

落叶乔木。叶卵圆形，分裂或不分裂，边缘有锯齿。春季开花，花单性，雌雄异株或同株。果实为聚花果，名“桑椹”，成熟时紫黑色或白色，味甜。久经栽培，品种很多。叶饲蚕，果实食用或酿酒用，枝条供编织用。叶、枝、果、根皮均可入药。

榕　树

常绿大乔木。树干生气根，下垂入土而成新的枝干，藉此构成巨大的树冠。叶卵形。隐头花序生于叶腋，扁球形。分布于我国浙江、江西以南各地。根、叶、树汁供药用。木材轻软，褐红色，供制器具、薪炭用。为行道树或绿化树种。

菩提树

落叶乔木，全株无毛。叶对生，三角状卵形，先端有细长尖头，边缘呈微波状。初冬开花，隐头花序近球形，无柄。原产印度，我国广东、云南等地有栽培。树干乳汁可提取硬性橡胶，作行道树，供绿化用。

荞　麦

一年生草本。茎直立分枝，叶戟形。夏秋季开花，花序总状或圆锥状，花白色或淡红色，基部有蜜腺。瘦果三棱状卵圆形，黄褐色。原产亚洲中部或北部，我国广为栽种，以东北栽培最多。子粒富含淀粉，为粮食作物之一，茎、叶可作饲料或绿肥，又是优良的蜜源植物。

大　麻

一年生草本。掌状复叶，小叶披针形，有锯齿。春夏间开花，花单性，雌雄异株。瘦果卵形，有棱。原产中亚，我国引种栽培。茎部韧皮纤维长而坚韧，可编渔网或绳索，种子榨油供工业用，种仁(称火麻仁)供药用。

无花果

落叶灌木或乔木，全株含白色乳汁。叶掌状分裂。夏秋季开花，花单性，隐藏在囊状花序托内，外观只见果而不见花，所以称“无花果”。果实呈扁圆形或卵形，成熟后顶端开裂。原产亚洲西部，我国长江流域以南等地均有栽培。果供食用，也可入药，树皮纤维供造纸用。

啤酒花

多年生缠绕草本，有小钩刺，叶对生，心状卵圆形，常分裂，边缘有锯齿。秋季开花，花小，雌雄异株。原产欧洲及亚洲西部，我国新疆西部有野生，东北、华北及山东等地广为栽培。果序有特殊香气，加入啤酒中，使酒别具风味。雌花供药用。

紫茉莉

一年生草本，多分枝。叶对生，卵状心形。春季开花，花萼圆筒形，上部稍大，呈漏斗状，有紫、红、黄、白等色，傍晚开放，翌晨凋萎，故又名“夜晚花”。原产南美，我国各地广为栽培。供观赏，胚乳粉质，可作化妆粉用。

九重葛

木质藤本，全株密被柔毛。叶卵形或卵状披针形。夏季开花，花三朵簇生枝端，并各有一片大型红色似花瓣的苞片，十分美丽，故又名“三角花”。原产巴西，我国各地均有栽培。供观赏。

大　黄

多年生高大草本，根状茎粗壮。基生叶丛生，掌状分裂达叶片之半，茎生叶互生，较小。夏季开花，花淡绿色或黄白色，瘦果三角形，有翅。分布于我国青海、甘肃、四川等地。根状茎入药。

拳　参

又名“草河车”。多年生草本，根状茎肥厚，黑褐色。基生叶有长柄，披针形或狭卵形。初夏开花，穗状花序顶生。瘦果有三棱，红褐色。分布于我国东北、华北、西北和华东等地。根状茎富含淀粉，可作酿酒原料，也可入药。

虎　杖

多年生灌木状草本。茎直立，基部木质化，中空。叶宽卵状椭圆形或卵形，托叶鞘早落。夏季开花，雌雄异株。瘦果椭圆形，有三棱。分布于我国长江以南各地及陕西、山东、河南等地。根状茎供药用。

大花草

寄生植物。植物体无根叶，只生一朵花。花大，直径达1.4米，有5片肉红色大花瓣，上有淡紫色斑点，每朵花重约6～7千克，有奇臭。花蕾期生长缓慢，历时1月余，但开花后仅2～3天就凋落。原产印度尼西亚苏门答腊的密林中。

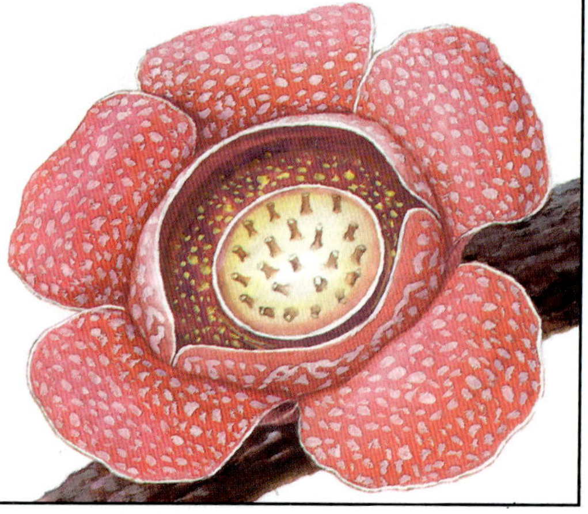

什样锦

多年生草本，茎直立，高约25～60厘米。叶对生，披针形至椭圆状披针形。夏季开花，聚伞花序密集成头状，顶生。花瓣先端有细齿，紫色、绯红色或白色，或有斑纹。原产我国及前苏联，全国各地均有栽培。供观赏。

老少年

一年生草本。叶卵形或菱形，绿色或紫红色。夏季开花，花小，黄绿色，簇生于叶腋或茎端，成穗状花序。种子极小，常黑色。原产热带亚洲，我国南方各地普遍栽培。入秋后，上部叶变为红、黄、紫等色，十分艳丽。供观赏用。

菠 菜

一、二年生草本。主根粗壮，赤色，味甜。基生叶椭圆形或箭形，浓绿色，叶柄长。花单性，雌雄异株，雌花簇生叶腋。果实有刺或无刺。原产伊朗，我国各地广为栽培。为主要绿叶菜类之一。

仙人球

多年生草本。茎肉质多汁，球形或扁球形，常有纵沟或缢缩。叶常鳞片状，叶腋簇生刺和刚毛。花两性，辐射对称，大而华丽。果为浆果。原产热带、亚热带美洲，墨西哥为分布中心。我国引种栽培。供观赏用。

千日红

一年生草本。叶对生，椭圆形或长椭圆形。夏秋间开花，花序球状，花小，苞片呈红色或白色，经久不变色，故名。原产热带美洲，我国久有栽培。供观赏。全草供药用。

鸡冠花

一年生草本。叶互生，卵圆形至披针形。夏秋开花，穗状花序扁平呈鸡冠状，故名。花两性，有红、紫、橙、黄等色，品种甚多。分布于我国南北各地，世界温带地区也有，常栽培。供观赏。花序、种子药用。

令箭荷花

多年生草本，枝扁平，披针形，边缘有疏锯齿。春季开花，花有白、黄、玫瑰红等多种颜色。原产墨西哥等地，我国常温室栽培。扦插繁殖。盆栽。供观赏。

白兰花

常绿乔木。叶片卵状披针形或矩圆形，革质。夏秋开花，花单生叶腋，白色，芳香如兰花，故名。原产印度尼西亚爪哇，我国南方各地广泛栽培。作观赏树或行道树。花作香料或薰茶用。

鹅掌楸

落叶乔木，高达40米。叶互生，裂成马褂形，故又名“马褂木”。初夏开花，花两性，带黄绿色，单生枝端。聚合果纺锤形，小坚果先端具翅。产于我国长江流域以南地区。叶形奇特，为世界著名观赏绿化树种，我国二级保护植物。

番荔枝

落叶小乔木，高3～5米。叶互生，排列成二列，椭圆状披针形或矩圆形。春夏间开花，花青黄色。果为聚合果，球形或心状圆锥形，外形似荔枝，故名。原产热带美洲，我国南部有栽培。为热带著名水果。树皮纤维供造纸，根供药用，又为紫胶虫寄主树。

玉　兰

落叶小乔木，高达20米。叶倒卵状长椭圆形，冬芽密被灰绿色或绿黄色长绒毛。早春先叶开花，单生枝端，花大，纯白，芳香。产于我国中部，久经栽培。供观赏。花可提制浸膏，花瓣可食用。

含　笑

常绿灌木，多分枝。叶互生，椭圆形至倒卵形，革质。初夏开花，花单生叶腋，花被常不满开，淡黄色，染红紫晕，有香蕉气味。产于我国南部。栽培供观赏用，花可提取芳香油。

乌 药

常绿灌木或小乔木。根肉质。叶椭圆形，革质，有三大脉。春季开花，花淡黄色。核果黑色。分布于我国中部和东部。根药用，产于浙江天台的"天台乌药"质量最佳。叶和果可提芳香油。

白头翁

多年生草本，全株长有白色柔毛。叶基生，有长柄。早春开花，花暗紫色。瘦果多数，呈头状，先端各长有长白毛的花柱，似一个白发老翁，故名。分布于我国东北、华北及江苏、安徽等地。根药用。

蜡 梅

落叶灌木。叶对生，椭圆状卵形。冬末先叶开花，花黄色，花心紫褐色，芳香。瘦果多数，生于壶状花托内。我国南北各地广泛栽培。品种甚多，有"素心蜡梅"、"檀香蜡梅"等等，均为著名观赏品种。根状茎、花药用，花提取芳香油。

八角茴香

常绿小乔木。叶披针形至长椭圆形，全缘。初夏开花，花红色，果实为7～8(9)个木质蓇葖，轮生，尖端钝或钝尖。产我国西南部。果实香气浓烈，供调味或制香料用。

樟 树

又名"香樟"。常绿乔木，高达30米。叶卵形或椭圆状卵形，离基三出脉，脉腋有腺点。春夏开花，花小，淡黄色。果球形，紫黑色。广布我国长江以南及西南各省。全株均可提取樟脑和樟油，我国樟脑产量占全世界年产量的70%，为化学、医药、军工等重要原料。樟油可作农药、选矿、制皂及香精等原料。

五味子

落叶木质藤本。叶互生，宽椭圆形、倒卵形或卵形。春季开花，花单性，有长柄，乳白色或淡红色。浆果状果深红色，疏松排列于延长的肉质果轴上。产于我国中部。果实富含五味子素、有机酸及维生素C等，供药用。

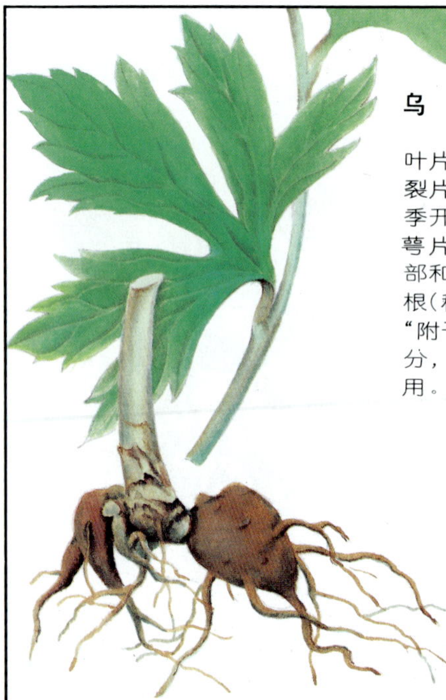

乌 头

多年生草本，有块根。叶片五角状，三全裂，侧裂片再分裂，并有粗齿。秋季开花，花青紫色，上方萼片呈盔状。产于我国中部和东部。花供观赏。主根（称“乌头”）和侧根（称“附子”）均含乌头碱等成分，有剧毒，炮制后可药用。

华南十大功劳

常绿灌木。羽状复叶，小叶11～17片，椭圆卵形或披针形。夏季开花，花黄色，两性，总状花序下垂，约十个簇生。生于山地灌木丛中。分布于我国广东、浙江等省，日本也有栽培。全株供药用。

牡 丹

落叶小灌木，多分枝。叶通常为二次三出复叶，小叶3～5裂。初夏开花，花单朵顶生，花色种种。原产我国西北，以山东菏泽、河南洛阳最为盛名。我国十大名花之一，被誉为“花中之王”，著名观赏植物。根皮（丹皮）药用。

蕺 菜

多年生草本，有腥臭味，故又名“鱼腥草”。叶心形，托叶膜质，线形，下部和叶柄联合成鞘状。初夏开花，穗状花序，基部有4片白色花瓣状苞片，花小，无花被。产我国长江流域。全草药用，嫩茎、叶可作蔬菜。

南天竹

又名“天竹子”。常绿灌木。叶大型，二或三次羽状复叶，小叶椭圆状披针形，冬季转变为红色。春夏开花，花白色，成圆锥花序。浆果球形，秋季熟时鲜红色，经久不凋落。原产我国和日本。广泛栽培，供观赏用。枝、叶和果实均供药用。

胡 椒

多年生木质藤木。叶卵状椭圆形，互生。夏季开花，花小，无花被，成细长下垂的穗状花序。浆果球形，红色。原产东南亚，我国台湾、广东、广西、云南等省有引种栽培。果实加工后作香辛调味品或供药用。

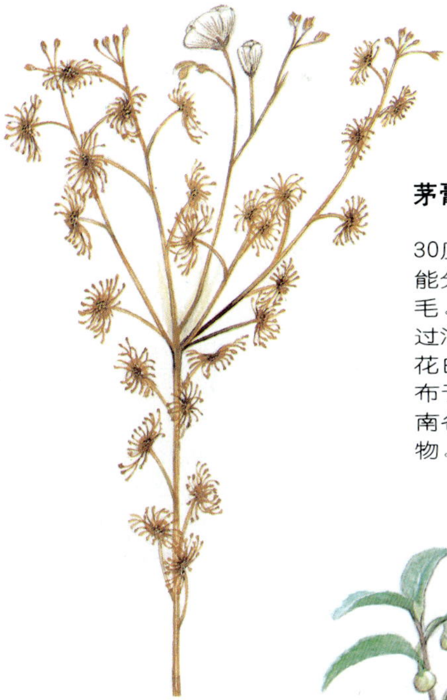

茅膏菜

多年生草本，高10～30厘米。叶半月形，满布能分泌粘液和消化液的腺毛。腺毛粘捕小虫后，通过消化液消化。春季开花，花白色，蝎尾状花序。分布于我国华东、中南和西南各省区。为著名食虫植物。球茎及全草药用。

猪笼草

匍伏或攀援半灌木。叶中脉延伸成卷须，顶端膨大成有盖的囊状，盖下面有蜜腺，囊内有弱酸性消化液。小虫吸蜜时不慎落入囊内，即被消化。夏秋开花，花小，红色或紫红色。分布于我国广东、海南等地。供观赏，为著名食虫植物。

王　莲

多年生水生草本，根状茎直立，块状。叶浮于水面，圆形，直径1.8～2.5米，边缘向上折转，叶面能负重40～70千克。夏季开花，花单生，白色，后变深红色而萎谢。果含200～300粒玉米大小的种子。原产南美亚马逊河，我国有栽培。世界著名观赏植物。种子含淀粉，可食用。

茶

又称“茗”。常绿灌木。叶长椭圆状或倒卵圆状披针形，边缘有锯齿。秋末开花，花1～3朵腋生，白色。蒴果扁球形，有三棱。产于我国中部至东南和西南部，广泛栽培。为世界三大饮料之一。

莲

又名“荷”、“芙蕖”。多年生水生草本，根状茎横生，最初细如指，秋后先端数节膨大成藕。叶圆形，挺立水面，盾状着生。夏季开花，花大，红、粉红或白色。原产印度，我国中部和南部栽培。供观赏，为我国十大名花之一。坚果（莲子）及藕供食用或制藕粉。藕节、莲子、荷叶等供药用。

油　菜

一、二年生草本，茎圆柱形，多分枝。叶互生，总状花序，花淡黄色。长角果，种子球形，有黑、黄、红等色。广布我国各地，以长江流域及其以南等地最多。为我国重要的油料作物和蜜源植物，种子含油率达 30～50%，供食用或工业用。

金丝梅

半常绿或常绿灌木，高达1米。小枝红色或暗红色。叶对生，卵形、长卵形或卵状披针形。夏季开花，花金黄色，单生或成聚伞花序。蒴果卵形。分布于我国中部至云南地区。供观赏，根可入药。

罂　粟

二年生草本，全株无毛。叶长椭圆形或长卵形，基部抱茎，边缘有缺刻。夏季开花，花单朵顶生，红、紫或白色。蒴果球形或椭圆形，孔裂，种子小而多。原产欧洲。果实中割取的乳汁干后称“鸦片”，含吗啡等生物碱，供药用，常用能成瘾。

醉蝶花

又名“西洋白花菜”。一年生草本，全株长有粘质腺毛，有臭味。掌状复叶，小叶5～7枚，矩圆状披针形。夏季开花，花紫红色或白色，成顶生总状花序。蒴果圆柱形，有纵纹。原产南美，我国常栽培，供观赏，又是较好的蜜源植物。

卷心菜

又名“结球甘蓝”、“莲花白”。二年生草本。叶片厚，卵圆形，心叶黄白色，抱合成球状。品种很多，通常按叶球形状不同而分成尖头、圆头和平头三个类型。原产欧洲，我国各地均有栽培。为主要蔬菜之一。叶的浓汁含维生素U，供药用。

青　菜

又名“白菜。一年生或二年生草本，茎短缩。基生叶大型，呈匙、圆、卵或长椭圆形，浅绿、深绿或墨绿色。春季开花，花黄色，成总状花序。原产我国，为我国南方地区主要蔬菜，四季都能露地栽培与收获。

大白菜

又名“黄芽菜”。一年生或二年生草本。叶生于短缩茎上，大而薄，椭圆形或长圆形，淡绿色或浅绿色，心叶白、绿白或黄白色，抱球或不抱球。原产我国，以山东、河北最为著名，长江流域也有栽培。为我国北方的主要蔬菜之一。

荠　菜

一年生或二年生草本。基生叶丛生，羽状分裂或不分裂，叶面有茸毛。春季开花，花小，白色，成顶生总状花序。短角果倒三角形，种子长圆形，淡褐色。广泛分布于我国南北各地，全世界温带地区均有分布。嫩株作蔬菜。带花、果的全草供药用。

悬铃木

又名"法国梧桐"。落叶乔木，高可达30米。树皮灰褐色，云片状剥落。叶3～5掌状分裂，边缘疏生缺刻状粗齿。春季开花，头状花序常二个生于总柄上。为英国育成的杂交种。广泛分布于世界各地，我国长江流域广泛栽培。树形美观，冠幅大，为优良的行道树。

菘　蓝

一年生或二年生草本，全株无毛。基生叶长圆状椭圆形，具柄。茎生叶箭形。花黄色，于枝端构成圆锥花序。角果具翅，顶端圆钝，有短尖。主要生长于我国北方，常栽培。叶提取蓝靛，是一种直接性染料。根(称"板蓝根")和叶(称"大青叶")均供药用，有清热解毒等功效。

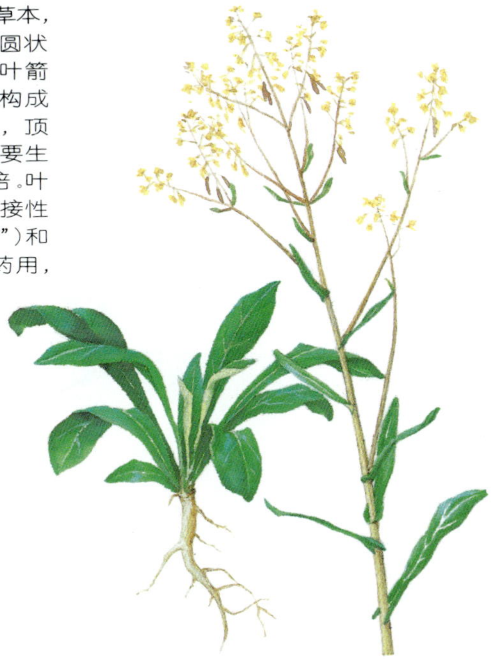

垂盆草

多年生肉质草本。茎纤细，匍匐或倾斜生长，近地面部分易生根。叶3片轮生，倒披针形至矩圆形，全缘。夏季开花，花黄色，无柄，成两歧聚伞花序。我国东部广泛分布，朝鲜、日本也有。全草药用，治疗甲型肝炎有效。

檵　木

落叶灌木或小乔木，小枝、叶及果均有星状毛。叶互生，卵形，基部钝，不对称，全缘。春季开花，花白色，花瓣四片，条形。蒴果木质，二瓣裂。分布于我国长江中下游以南、北回归线以北地区。可供观赏。根、叶、花及果均可药用。

萝　卜

二年生或一年生草本，肉质直根肥厚多汁，形状各异，颜色多种。叶羽状分裂或不分裂，花序总状，花白色或淡紫色。原产我国，各地均有栽培，为我国主要蔬菜之一。肉质根、老根(称地骷髅)及种子均供药用。

草　莓

多年生草本，有匐枝。三出复叶，小叶椭圆形。初夏开花，花白或略带红色。瘦果夏季成熟，花托变为肉质，成红色浆果状果。原产南美，我国各地都有栽培。果实生食，或制果酱、果酒等用。

枫　香

落叶乔木，高达40米。叶互生，三裂，边缘有细锯齿，秋后转变为红色。花雌雄同株，头状花序，春季与叶同时开放。木材轻软，供制箱板等用；根及聚花果均供药用。

珍珠梅

落叶灌木，小枝圆柱形。羽状复叶，小叶13～21枚，披针形至卵状披针形，边缘有尖锐重锯齿。夏季开花，顶生圆锥花序，花白色。分布于我国东北、华北及山东等省区，常栽培。供观赏用。

海　桐

常绿灌木。叶倒卵状长椭圆形，有光泽。夏季开花，花聚集在小枝顶端成伞形花序，花白色，后变为黄色，有芳香。果实卵形，成熟时三裂。产于我国和日本。是常见的庭园观赏植物。

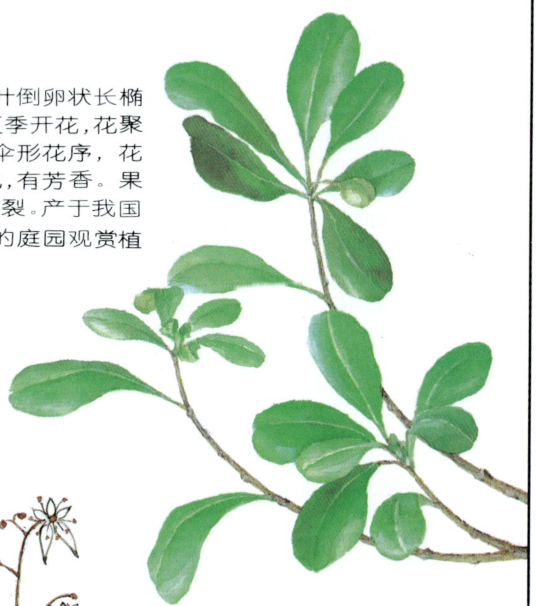

紫　荆

落叶乔木，高达15米，栽培呈灌木状。叶互生，近圆形，基部心形。早春先叶开花，花紫红色，簇生于老枝上。荚果扁平。分布于我国各地，常栽培。供庭园观赏。树皮、树干及根均供药用。

虎耳草

多年生草本，有匍匐枝，全株被毛。叶平铺地面，肾形或圆形，肉质多汁。夏季开花，花白色，花瓣5枚，不等，下方两片特大，有红色斑点。分布于我国华东、华南、西南至陕西、河南等地。全草药用，亦供观赏用。

月　季

又名“月月红”。低矮直立落叶灌木，有刺或近无刺，奇数羽状复叶，小叶３～５枚。春至秋季开花，花大型，花色多种。原产我国，现全国各地广为栽培。为我国十大名花之一。

缫丝花

又名“刺梨”。落叶或半常绿灌木。小枝常有成对皮刺。羽状复叶，小叶９～15片，椭圆形，托叶大部分和叶柄结合。春季开花，花淡红或粉红色。果实扁球形，外面密生皮刺。产于我国南部各省区。果实富含维生素Ｃ，供酿酒或作蜜饯等。

地　榆

多年生草本，全枝无毛。根粗壮，断面淡红色或米黄色。奇数羽状复叶，小叶３～11枚。夏秋开花，花密集成长圆形穗状花序，暗紫红色。产于欧洲和亚洲温带。根药用。

玫　瑰

落叶灌木，全株具锐刺及绒毛。羽状复叶，小叶5～9片。夏季开花，花单朵或数朵聚生，紫红色至白色，有芳香。原产我国，久经栽培，供观赏。由花提取的芳香油为高级香料，花及根药用。

金樱子

常绿蔓生灌木，有刺。三出羽状复叶，无毛。初夏开花，花白色，大型，芳香。果实梨形，密生刺状毛。产于我国中部和东南部，供观赏。根、叶、果均供药用。果富含维生素Ｃ，可制饮料及酿酒。根皮富含鞣质，可提取栲胶。

槐

落叶乔木，高达25米。奇数羽状复叶，小叶卵形至卵状披针形。夏季开花，蝶形花冠，黄白色，成顶生圆锥花序。荚果念珠状，不开裂。分布于我国各地。木材坚硬，供造船、车辆等用。花蕾（槐米）、果实（槐角）药用；为绿化树或行道树。

山　楂

落叶乔木，小枝或有短刺。叶片宽卵形或三角状卵形，两侧常3～5羽状深裂。初夏开花，花白色。果实近球形，深红色，有斑点。分布于我国东北、华北以及河南、陕西、山东、江苏、安徽等地。果生食或加工后作药用。

木　瓜

落叶灌木或小乔木，树皮片状脱落，小枝无刺。叶椭圆状卵形，边缘有锯齿。春夏间开花，花单生叶腋，淡红色。果长椭圆形，黄绿色，有芳香。分布于我国陕西、山东及长江流域以南各地，常栽培。供观赏。果加工后食用或药用。

杨　桃

又名“五敛子”、“羊桃”。常绿或半常绿乔木，高达12米。羽状复叶，小叶5～11片，卵圆形至椭圆形。夏季开花，花小，白色或紫红色。浆果椭圆形，有五棱，熟时黄色。分布于热带亚洲，我国华南地区常栽培。果生食或供药用。

马蹄纹天竺葵

多年生草本，小灌木状。茎肉质，高30厘米。叶对生，圆肾形，上面有一明显的马蹄形斑纹，有长柄。夏季开花，伞形花序腋生，花深红至白色。原产南非，我国各地温室栽培。供观赏。

羊蹄甲

落叶小乔木。叶阔椭圆形或圆形，顶端两裂，裂片圆钝，似羊蹄，故名。夏秋间开花，花玫瑰红色。分布于我国福建、广东、广西、云南等省，中南半岛、马来半岛、印度、斯里兰卡也产。常作行道树或绿化树栽培，树皮含单宁，可提取栲胶。树皮、根和花供药用。

龙牙花

落叶灌木，高达4米，枝有刺。小叶3片，菱状卵形，叶柄及小叶柄有刺。早春开花，花红色，成腋生总状花序，萼短，常截形，旗瓣张开直立。原产热带美洲，我国南方有栽培。供观赏，树皮供药用。

樱　花

落叶乔木。叶互生，长椭圆状卵形或椭圆状卵形，边缘有尖锐重锯齿。春季花先叶开放，5～6朵成短伞形花序，花白色或粉红色，核果近球形，紫黑色。原产日本，我国广泛栽培。是著名的园林观赏树种。

鸡爪槭

落叶小乔木。单叶对生，掌状5～7深裂，边缘有锯齿，入秋后变为红色。伞房花序顶生，花紫色。果为双翅果。我国华东各省广泛分布，常栽培。供观赏。

桃

落叶小乔木。叶宽披针形，边缘有锯齿。春季开花，花淡红、深红或白色。核果近球形，表面有茸毛，肉厚汁多。原产我国，华北、华东、西北各地均大量栽培。果除生食外，可制桃脯、罐头等食品。花、幼果(称瘪桃干)、桃仁等均可药用。

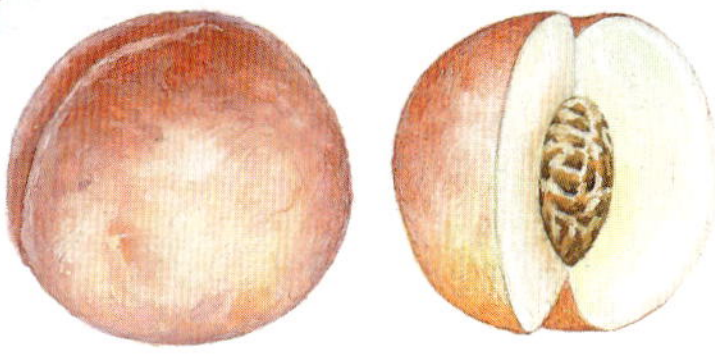

樱　桃

落叶灌木或小乔木。叶广卵形至长卵形，先端渐尖，边缘有疏锯齿。花先叶开放，白色或略带红色，总状花序，有花3～6朵。核果近球形，红色，有长果柄。原产我国长江流域，全国普遍分布。果生食或加工，花供观赏，核仁药用。

合　欢

落叶乔木。二次羽状复叶，小叶中脉偏于一侧，呈镰状，夜间或酷热时成对合拢。夏季开花，花丝长，粉红色，似缨绒，故又名“马缨花”。产我国华北、华东、华南等地。木材红褐色，结构细，可制家具、枕木等。树皮可提制栲胶，也可入药。

苹　果

落叶乔木。嫩枝、叶片及冬芽均有绒毛。春季开花，伞房花序，有花３～７朵，花白色至淡紫红色。果扁球形，两端微凹。原产欧洲中部、东南部和亚洲西部一带。我国各地常栽培，以辽宁、河北、陕西、山东等地产量最多。果供生食，或制各种加工品。

云 实

梢攀援性落叶灌木，枝条多刺。二回羽状复叶，小叶倒卵状椭圆形至长圆形，全缘。初夏开花，花鲜黄色，成总状花序。产于我国中部和南部。供观赏或作绿篱用。树皮含单宁，可提取栲胶，根及种子供药用。

大 豆

一年生草本，茎直立或半蔓生，全株有茸毛，故俗称“毛豆”。复叶，小叶3片。总状花序短，腋生，花白色或淡红紫色。荚果。种子因颜色不同，有黄豆、青豆、黑豆之分。原产我国，全国各地均有栽培，以东北产最为著名。种子富含蛋白质、脂肪，供食用，或加工成各类豆制品，或作油料。

泽 漆

二年生草本，全株含乳汁。叶匙形或倒卵形，叶缘有细锯齿。春夏开花，花组成独特的杯状花序，花单性，雌雄同株，均无花被。有毒植物，广泛分布于世界各地，我国各地也常见。中医学上以茎、叶入药，也可作土农药，杀灭蚜虫。

代代花

常绿灌木，小枝疏生短棘刺。花白色，芳香。果扁圆形，橙黄色，经冬不凋，翌年夏季果皮转绿，故又名“回青橙”。产我国南部各省，常栽培。花薰茶用，称“代代花茶”，是苏州名茶之一，果实供药用。

一品红

又名“圣诞花”。落叶灌木。叶卵状椭圆形至披针形，花序下面的叶为鲜红色，颇艳丽。冬季开花，杯状花序多数，着生于枝端，总苞坛形，边缘有1～2个黄色腺点。原产墨西哥和中美洲，我国各地均有栽培。为冬末春初的观赏植物。

花 生

一年生草本，茎匍匐或直立。羽状复叶，小叶四枚。花腋生，黄色，受精后子房柄迅速伸长，钻入土中，子房在土中发育成荚果。种子（花生仁）有红色或淡红色种皮。原产巴西，我国广为栽培，以黄河下游各地最多。种子富含脂肪和蛋白质，榨油或食用。种子、种皮及叶可药用，果壳作饲料、糠醛原料。

杧　果

常绿乔木，高10～27米。叶长圆状披针形，丛生枝端。花小，杂性，黄色或带红色。核果肾形，长5～10厘米，淡绿至淡黄色。原产亚洲南部，我国南方有栽培，以台湾最多。果实为热带重要水果之一，果皮供药用；叶和树皮可作黄色染料。

枇　杷

常绿小乔木。叶长椭圆形，革质，背面有茸毛。冬季开花，花淡黄白色。果近球形或长球形，黄色或桔黄色，有脱落性柔毛。原产我国，主要分布在长江流域以南，以江苏、浙江、福建等地栽培最多。果供生食或加工用。木材可制木梳、手杖等，叶可入药。

漆　树

落叶乔木，高可达20米，有乳汁。奇数羽状复叶，互生，小叶7～13枚。初夏开花，花黄绿色，雌雄异株，圆锥花序腋生，核果。我国特产，分布于甘肃南部至山东以南各地。可割漆。果皮及种仁榨油供工业用。

火炬树

落叶小乔木或灌木。羽状复叶，有小叶23～27片，小叶披针形，背面有白粉，深秋叶色转红。夏季开花，花单性，异株，成顶生紧缩的圆锥花序。核果深红色，密生绒毛，状如火炬，故名。原产北美洲，我国引种栽培。供观赏用。

龙　眼

又名“桂圆”。常绿乔木。偶数羽状复叶，小叶4～6对。圆锥花序，花小，黄色。果实球形，果壳淡黄或褐色，假种皮(果肉)白色、透明、汁多、味甜。原产亚洲热带，我国南部和西南部均有栽种。果供生食或加工用，亦可入药，木材可供造船用。

盐肤木

落叶小乔木或灌木。奇数羽状复叶，小叶7～13枚；叶轴常有狭翅。秋季开花，花小，黄白色，成顶生圆锥花序。核果红色，有细柔毛。分布于我国黄河流域以南各地。叶轴及小叶下常生虫瘿，称“五倍子”，富含单宁，为化工原料，可供药用。木材供细木用。

葡　萄

落叶木质藤本，卷须有分枝。叶卵圆形，3～5中裂，裂片有粗锯齿。夏季开花，花淡黄色，花瓣帽状脱落。浆果球形或椭圆形，颜色多种。原产欧洲、亚洲西部和非洲北部，我国主产于西北华北，华中、华东亦有栽培。果供生食或酿酒等。

荔　枝

常绿乔木，高可达20米。偶数羽状复叶，小叶2～4对。花杂性，萼小，无花瓣。果核果状，果皮有凸瘤，假种皮鲜时呈半透明，多汁，味极甘美。原产我国南部，常栽培。果生食或加工用。木材可供制家具等用，果壳、根及树干可提取栲胶。

黄　麻

一年生草本。叶互生，披针形或卵状披针形，边缘有锯齿。夏季开花，花黄色。蒴果球形，有纵棱及疣状突起。原产东南亚，我国广为栽培，其中浙江等地最多。纤维细长，供编织麻袋、地毯、混纺布和造纸等用。

凤仙花

又名“指甲花”。一年生草本。叶互生，披针形。夏季开花，花2～3朵簇生叶腋，花萼有一距，呈角状下弯，花色不一。果实椭圆形，以弹力裂开，裂片旋卷状，以此弹出种子。我国南北各地广泛栽培。供观赏用；花及种子作药用。

橄　榄

又名“青果”。常绿乔木，高10～20米，有芳香胶粘性树脂。奇数羽状复叶，小叶长椭圆形。春、夏开花，花杂性，白色。核果椭圆至纺锤形，绿色。我国南部广为栽培，以福建、广东最多。果实食用或药用。木材供建筑等用。植株为良好的行道树或防风树。

苦　楝

落叶乔木，高达20米。二至三次羽状复叶，小叶卵形或椭圆形。春夏间开花，花淡紫色，成腋生圆锥状聚伞花序。核果近球形，淡黄色。分布于我国山西及河南以南各地。木材供建筑等用。果实、花、叶及根皮均供药用，又可作行道树或绿化树种。

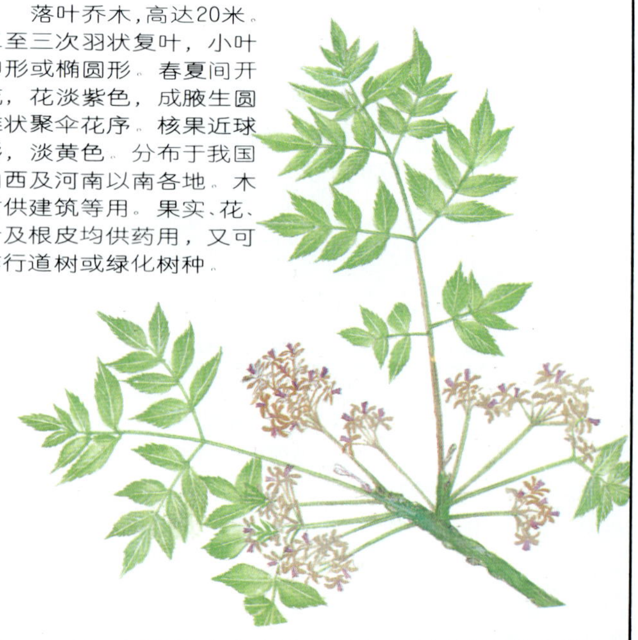

陆地棉

一年生草本。叶宽卵形，掌状3～5浅裂，裂片宽三角状卵形。花大，白色或淡黄色，后变淡红色或紫色。蒴果卵形或卵圆形，种子有长棉毛和不易剥离的短棉毛。原产美洲墨西哥，我国各产棉区均有栽培。棉纤维是纺织的主要原料。种子含油高达40％，油供食用或工业用。

金铃花

常绿灌木，高达1米多。叶掌状3～5深裂，叶缘有锯齿。夏秋季开花，花单生叶腋，花梗下垂，长达7～10厘米。花钟形，黄色，有紫色条纹。原产南美洲巴西、乌拉圭等地，我国许多省市的温室或露地均有栽培，供园林观赏用。

蜀　葵

又名“一丈红”。二年生草本，茎直立，有毛。叶掌状5～7浅裂。夏季开花，花腋生，副萼6～9片，基部合生，花红、紫、黄或白色。原产我国西南部地区，各地普遍栽培。供观赏。花可提取食用色素。根、花可药用。

吊钟花

直立大灌木，有多数柔弱分枝。叶互生，椭圆形。早春开花，花冠钟状。蒴果椭圆形，有棱角。生于丘陵灌丛中。原产东非，全世界热带、亚热带地区均有栽培。作绿篱或观赏用。

黄蜀葵

又名“秋葵”。一年生或多年生草本，高达2米。叶5～9掌状深裂，裂片长圆状披针形。夏季开花，花单生叶腋或枝端，大型，淡黄色，中心暗褐色。果实卵状长圆形，开裂。原产我国，常栽培。供观赏或全株入药。

朱　槿

又名“扶桑”。落叶灌木，高达6米。叶卵形。全年开花，花单生于茎上部叶腋，花大型、花色多种，花蕊很长，伸出花外。果实卵圆形，开裂。产于我国南部和西南部。常栽培，供观赏。根、叶及花可供药用。

木芙蓉

落叶灌木，全株被星状毛和短柔毛。叶掌状3～5裂，基部心形。秋季开花，花白色至淡红色，单瓣花或重瓣花，腋生。原产我国，除东北、西北外，广布各地，供观赏。花、叶均可药用。

榴　莲

常绿乔木，高达25米。叶长椭圆形，全缘。花大，白色。果实近球形，长达25厘米，表面有多数木质刺，内部肉质，有恶臭。种子有白色假种皮。原产马来西亚。果肉味美，为热带著名水果之一，又可入药，种子可炒食。

木　槿

落叶灌木。叶卵形或菱状卵形，通常三裂。夏秋开花，花大，白色或紫红色，常重瓣。蒴果长圆形，种子背面有一圈毛。产于我国和印度。常栽培，作绿篱用，也供观赏用；树皮和花入药。

玫瑰茄

一年生草本，高达2米。下部叶卵形，不分裂，上部叶掌状三深裂。夏秋开花，花单生叶腋，小苞片红色。原产东半球热带地区，我国台湾、福建、广东、云南亦有栽培。花萼和小苞片用以制果酱，茎皮纤维供制绳索用。

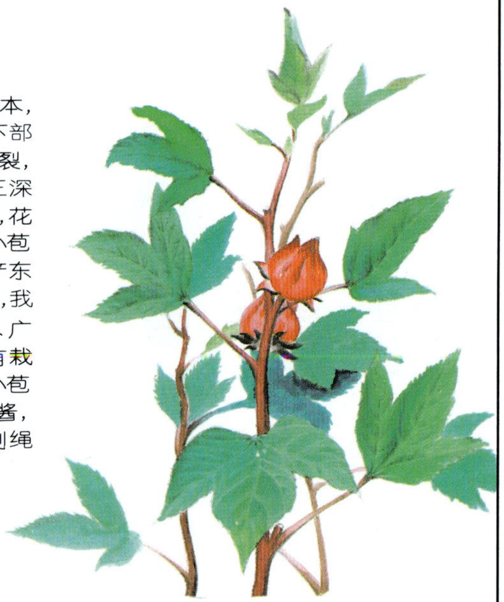

猴面包树

常绿乔木，高达18米，基部直径最粗可达15.9米，是世界上最粗的树木。掌状复叶。花大，白色。果长椭圆形，长10～30厘米。原产热带非洲，树龄可达5000年，是最长寿树木之一。果实内部柔软，味美，猴喜食，故名。树皮、叶和果供药用。

三色堇

一年生草本，茎有分枝。叶卵状长椭圆形，边缘有圆钝锯齿。春夏间开花，花腋生，有长柄，花瓣近圆形，花色常为紫、白、黄三色，故名。原产欧洲，我国各大城市庭园均有栽培。茎、叶供药用。

胖大海

落叶乔木，高达40米。叶椭圆状披针形。花杂性同株，成圆锥花序。种子椭圆形至卵形，种皮薄而脆，遇水后膨胀成海绵状，内富含粘液汁和半乳糖等成分。分布于越南、印度、马来西亚等地。种子供药用。

可　可

常绿乔木，高达12米。叶长椭圆形。花萼红色，花瓣黄色，簇生于树干和主枝上。果长卵圆形，果壳厚硬，有五室，每室有卵形的扁平种子12～14粒。原产美洲热带，我国南方有栽培。种子焙炒后，粉碎成可可粉，是制巧克力以及饮料的原料。

可　拉

又名“可乐”。常绿小乔木，高达7米。叶倒卵形，革质，全缘。全年二次开花结果，花黄色。原产非洲西部热带地区，我国已在海南等地试种成功。种子含可可碱和咖啡碱，作饮料，或可配制“可口可乐”汽水、可乐巧克力糖等。亦可供药用，为神经兴奋剂。

竹节海棠

半灌木状肉质草本。节间明显，似竹节状，故名。叶红色，叶缘波浪状。花珊瑚红色，聚成下垂的聚伞花序。原产巴西，我国各地广为栽培。植株较高，枝叶婆娑，繁花摇曳，是著名的观赏植物。

西　瓜

一年生蔓生草本，卷须两分叉。叶三深裂，裂片为羽状或二次羽状浅裂或深裂。花黄色，雌雄同株。果圆形或椭圆形，瓤多汁而甜。原产非洲，我国除少数寒冷地区外，南北各地均可栽培。为夏季优良解暑果品。种子炒食用，瓜汁和瓜皮供药用。

冬　瓜

一年生蔓生草本，全株有茸毛，卷须2～3分叉。叶掌状5～7浅裂，叶柄粗壮。夏季开花，花黄色，雌雄同株。果常呈长圆形，重量可达10余千克。原产我国南部及印度，各地广泛栽培。果实作蔬菜及蜜饯等用，种子及果皮供药用。

南　瓜

又名“饭瓜”。一年生蔓生草本，卷须3～4分叉。叶5裂，或带心脏形。花黄色，雌雄同株。果形多种，果柄有棱，果蒂膨大成五角形。原产亚洲南部，我国普遍栽培，世界各地也广泛栽培。果作蔬菜、粮食或饲料。种子供药用、食用或榨油用。

西番莲

蔓生植物，有卷须。叶掌状5～7裂。夏季开花，花大，淡红色，微香。果实肉质，椭圆形，黄色。原产古巴，我国广东、台湾等有栽培，供观赏。果生食或制果酱、果汁、果酒等用。

四角菱

一年生水生草本。叶两型，水面叶菱形，叶柄上有浮囊，沉水叶羽状细裂。夏末秋初开花，花单生于叶腋，白色或淡红色。果实坚果状，有四个硬角。全国各地有栽培。果实供食用或制取淀粉用。

栝　楼

多年生攀援草本。块根肥厚，富含淀粉。叶常5～7掌状深裂。夏秋开花，花白色，花冠裂片顶端流苏状。果卵圆至广椭圆形，黄褐色。我国各地均有栽培。果皮、种子及根（称天花粉）均供药用。

梧　桐

又名“青桐”。落叶乔木，高达15米。幼树树皮绿色，平滑。叶掌状3～7裂。夏季开花，单性，雌雄同株，花小，黄绿色。果实为分果，开裂呈舟状，种子着生在边缘上。产我国及日本。木材供制家具及乐器用。树皮纤维供造纸用，种子可炒食或榨油。

黄　瓜

一年生蔓生草本，卷须不分枝，叶五角状心形。花雌雄同株，黄色；雌花单生或簇生。瓠果圆筒形或棒形，具有瘤状突起的刺。原产印度，我国各地普遍栽培。嫩果作鲜菜或加工成酱菜。

石　榴

落叶灌木或小乔木，有针状枝刺。叶对生，倒卵形或长椭圆形。夏季开花，橙红色，或白色。浆果近球形，外种皮肉质多汁。原产伊朗及其附近地区。我国各地有栽培。

使君子

落叶木质藤本。叶对生，长椭圆形。夏季开花，顶生穗状花序，花萼细长似花梗，花冠初白后红色，芳香。果实狭椭圆形，有五棱。原产于我国南部和西南部。供观赏，果实可入药。

红海榄

常绿灌木或小乔木，有支持根。单叶对生，长椭圆形或椭圆状倒卵形，夏季开花，花4～8朵，成腋生聚伞花序。果实倒圆锥状卵形，下垂。种子在果实离母树前发芽，胚根呈长柱状。我国雷州半岛及海南岛沿岸等有分布，生于海岸泥滩上。树皮含单宁，供药用，或作染料。

紫　薇

又名“百日红”。落叶小乔木，高3～6米。树干光滑，褐色。叶椭圆形，全缘，夏季开花，顶生圆锥花序，花瓣淡红、紫或白色，边缘有不规则缺刻。蒴果近球形。产于我国中部与南部。常栽培，供观赏。

红千层

常绿灌木，高1～2米。叶互生，条形，坚硬。春季开花，穗状花序生于近枝顶，雄蕊多数，红色，明显长于花瓣。蒴果半球形，顶端开裂。原产澳大利亚。我国台湾、广东、广西等均有栽培。供观赏用。

罗汉果

多年生草质藤本。根块状，重达数千克，卷须内义分。叶卵形或长卵形。夏季开花，化淡黄色，带红色；雌雄异株。果圆形或长圆形。产我国江西、广东、广西、贵州等地。果含1％的罗汉果甜素，甜度极高，是一种新型甜味剂，供药用或作饮料。

吊钟海棠

又名“倒挂金钟”。灌木。叶对生，卵形，边缘有细锯齿。花腋生，花柄长达5～7厘米，下垂似吊钟状，花萼红色，花冠红紫色。果实为浆果。原产南美洲。种类很多，花色各异，为美丽的观赏植物，常栽培于温室。

珙　桐

落叶乔木，高15～20米。叶广卵形，边缘有齿。由多数雄花和一朵两性花合成头状花序，基部有两片乳白色大型苞片，开花时，满树白色苞片，似群鸽栖息，故名“鸽子树”。我国特产，分布于湖北西部、四川、贵州及云南北部。我国一级保护植物，世界著名观赏植物。

青荚叶

落叶灌木，高达3米。叶卵形或卵状椭圆形，边缘有细锯齿。初夏开花，雌雄异株，花小，黄绿色，生于叶面中央的主脉上。核果球形，黑色，故又名“叶上珠”。分布于我国河南、陕西及长江流域至华南各地，日本、不丹、缅甸亦有分布。果和叶药用。

人　参

多年生草本，高30～60厘米，有纺锤形或圆柱形肉质根，常分叉。掌状复叶，小叶3～5枚。初夏开花，花小，淡黄绿色，伞形花序生于茎顶。果扁球形，红色。产于我国东北等地，为“关东三宝”之一，国家一级保护植物。根含人参皂甙等，供药用。为重要的滋补强身药。

桃金娘

常绿灌木，高2米。叶对生，椭圆形，离基三大脉。夏季开花，花紫红色，聚伞花序腋生。浆果卵形，暗紫色。产于我国福建、台湾、广东、广西、云南等地，印度、菲律宾、日本也有。果可食，全株供药用。

通脱木

又名“通草”。落叶小乔木，茎含大量白色髓。叶大，掌状分裂。冬季开花，花小，黄白色，成顶生圆锥花序。核果球形，黑色。产我国南部、西南部至台湾，常栽培。树皮用于造纸，髓切成薄片可制通草花或饰品，并可入药。

杜鹃花

又名“映山红”。半常绿或落叶灌木，高约２米，多分枝。叶互生，椭圆形，上面有粗糙伏毛。春季开花，花冠阔漏斗状，红色，2～6朵簇生枝端。蒴果卵状。产于我国长江以南各地，是常见的观赏植物。

山茱萸

落叶小乔木。叶对生，狭卵形，下面脉上及脉腋有黄褐色毛。早春先叶开花，花黄色，成伞形花序。核果椭圆形，红色。产于我国、朝鲜及日本。多栽培，供观赏。果肉称“萸肉”，为重要药材，树皮及叶可提取栲胶；种子可榨油。

报春花

一年生草本。叶基生，长卵形，边缘有不整齐的锯齿形缺裂。春季开花，花高脚碟形，红色或淡紫色，伞形花序２～４轮。蒴果球形。一般生长在荒野、田边。原产我国云南、贵州等地。各地普遍引种栽培。供观赏。

五　加

落叶灌木，高达５米，无刺或有刺。掌状复叶，小叶５片，倒卵形至倒卵状披针形。夏季开花，花黄绿色，成伞形花序。果扁球形，黑色。分布于华东、华中、华南和西南等地。根皮和茎皮称“南五加皮”，供药用。

羊踯躅

又名“闹羊花”。落叶灌木。叶互生，长椭圆形，两面有柔毛，边缘有睫毛。春季开花，花鲜黄色，伞形花序生在枝端。蒴果长圆形，内有很多种子。产于我国华东、华中和华南各地，日本也有。全株剧毒，花果入药作麻醉剂，或作杀虫剂。花艳丽，可引种。供观赏用。

迎　春

落叶灌木。枝条细长，呈拱形下垂。叶对生，小叶三枚，卵形。早春时先开花后长叶，所以叫“迎春”。花金黄色，艳丽。原产我国中部和北部，各地广泛栽培。为常见的庭园观赏植物。叶可药用。

油橄榄

常绿乔木，高约6米，小枝四角形。叶对生，椭圆披针形，叶缘内卷。花白色，芳香，圆锥状花序。核果黑色光亮。原产地中海一带，我国长江流域以南地区引种栽培。为优良的木本油料植物。

女　贞

常绿灌木或小乔木，高约6米。叶对生，卵状披针形。初夏开花，花白色，花序圆锥形。核果椭圆，蓝黑色。分布于我国华南和长江流域各地。常见的庭园绿化和绿篱树种。木材细致，供细木工用。果实称“女贞子”，为中医常用药。

马钱子

常绿乔木，高10～13米。叶对生，卵形。春季开花，花绿白色，聚伞花序。浆果球形，橙黄色，原产印度、缅甸、越南、澳大利亚等地。种子含番木鳖碱、马钱子碱，有剧毒。加工后入药。

紫丁香

又名“丁香”。落叶灌木或小乔木，高达4米。叶对生，卵圆形。春季开花，花紫色，密集成圆锥花序，有香气。原产我国北部，现广为栽培。供观赏，花可提取芳香油。

龙　胆

多年生草本，高30～60厘米，根黄白色，绳索状。叶对生，卵形至披针形。秋季开花；花蓝紫色，聚伞花序。种子有翅。我国自东北至东部各地都有分布。根含龙胆苦苷，供药用。

桂　花

又名“木犀”。常绿乔木或灌木，高达12米。叶对生，椭圆形。秋季开花，花白、淡黄、橙黄、橙红等色，花香浓郁。分布于我国长江流域以南各省，广泛栽培。为珍贵的观赏芳香植物，我国十大名花之一，花提取浸膏，作食品香料，也可药用。

栀　子

常绿灌木，高1米左右。叶对生，披针形。春夏开花，花白色，顶生或腋生，极香。果实椭圆形，有5～9条翅状直棱，黄色。原产我国，各地栽培。花供观赏。果实含栀子苷，供药用或作黄色染料。

夹竹桃

常绿灌木，高达6米。叶对生或轮生，披针形。夏季开花，花白色或桃红色。种子顶端有黄褐色种毛。广泛人工栽培，为常见的观赏植物。茎、树皮和叶有毒，可制杀虫剂。

茜　草

多年生攀援草本，根黄红色，茎方形，有倒刺。叶卵形。秋季开黄色小花，圆锥状花序。浆果紫黑色。广布于亚洲北部至大洋洲，我国长江流域、黄河流域都有分布。根含茜草素等，供药用或提取红色染料。

长春花

又名“雁来红”。一年生草本，高约60厘米。叶对生，长圆形。夏秋开花，花淡红色或白色，聚伞花序。原产非洲东部，我国华东，华中和西南地区均有栽培。供观赏或药用。

咖　啡

常绿灌木或小乔木，高4～15米。叶对生，长卵形。花单生或簇生于叶腋，一年开花2～3次，白色。浆果椭圆形，深红色，内有种子两粒。原产热带非洲，我国南方有栽培。种子焙炒，研细成咖啡粉，为世界三大饮料之一。

萝芙木

常绿小灌木。叶对生或轮生，长椭圆形。夏季开花，花白色，呈高脚碟形。产于我国台湾、广东、广西、云南等地。根、茎、叶均可入药。

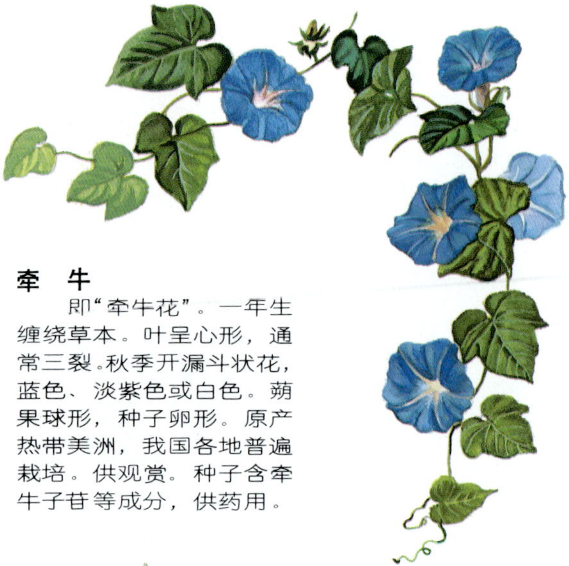

牵　牛

即"牵牛花"。一年生缠绕草本。叶呈心形，通常三裂。秋季开漏斗状花，蓝色、淡紫色或白色。蒴果球形，种子卵形。原产热带美洲，我国各地普遍栽培。供观赏。种子含牵牛子苷等成分，供药用。

牡　荆

落叶灌木或小乔木，小枝四方形。叶对生，掌状复叶，小叶3～5枚，披针形，边缘呈锯齿状。春夏间开花，花淡紫色。广布于我国长江流域以及南方各地。全枝及果实供药用，果实还可提取芳香油。

紫　苏

一年生草本，茎方形，紫色。叶对生，卵圆形，锯齿状边缘，两面或背面带紫色。夏秋开花，花红色或淡红色。分布于我国中部和南部地区。茎、叶和果实均供药用。种子榨油，嫩叶可食用。

益母草

一年或二年生草本，高30～120厘米，茎四棱形。叶圆卵形，掌状三裂，裂片再作羽状分裂。夏季开花，花淡红或白色。我国各地均有分布，亚洲、美洲和非洲热带地区也有。全草和果实供药用。

马鞭草

多年生草本，高近1米，茎四方形。叶对生，长椭圆形，边缘三裂。夏秋间开花，淡紫色，穗状花序生于叶腋或茎顶。原产欧洲，我国华东、西南、华南等地都有分布。全草供药用，有活血通经等功效。

丹　参

多年生草本。根肥厚，圆柱形，朱红色。茎高40～80厘米，方形。叶对生，羽状复叶。春夏间开花，花唇形，紫色，轮伞花序。我国各地均有分布。根为常用中药，有活血化瘀功效。

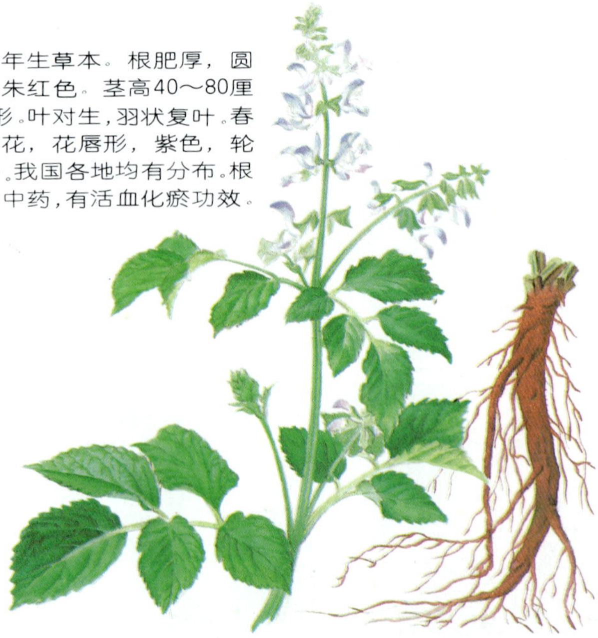

曼陀罗

一年生草本，高1～2米。叶互生，宽卵形，边缘有不规则波状浅裂。夏季开花，花单生叶腋，大型，白色。果直立，表面具坚硬的针刺，成熟后作四瓣分裂。原产热带或亚热带，我国各地均有分布。全草有毒，花、叶、种子供药用。

一串红

多年生草本，高约50厘米，茎方形。叶对生，卵形。夏秋间开花，花萼钟状，红色，花序有花2～6朵，集成假总状花序。小坚果椭圆形，黑褐色，有狭翅。原产南美洲，我国各地普遍栽培。是常见的庭园观赏花。

菟丝子

一年生缠绕寄生草本，茎细弱，呈丝状，橙黄色，靠吸盘附着在豆科、菊科等植物的植株上。叶退化。夏秋开白色小花。蒴果球形。广泛分布我国各地。种子可提取脂肪油，亦可药用。

酸　浆

又名“挂金灯”、“红姑娘”。多年生或一年生草本，高可达1米。叶互生，卵形，边缘偶有不规则缺刻。夏秋间开花，花白色，单生于叶腋，萼钟状，深红或桔红色。我国各地都有分布。供观赏，果实供药用。

辣　椒

又名“大椒”、“番椒”。一年生草本或多年生灌木。单叶互生，卵圆形。夏秋季开花，花白或淡紫色。浆果有长角、圆锥等形状，嫩果绿色，成熟后大多数为红色。原产南美洲热带，我国普遍栽培。品种很多。嫩果作蔬菜用，或加工成辣椒酱、辣椒粉等调味品。

肾　茶

多年生草本，高1.5米。茎四棱。单叶对生，叶片卵形、菱状卵形或卵状矩圆形。夏秋季开花，花淡紫色或白色，花丝及花柱极长，超出花冠之外，形如猫须，故又名“猫须草”。分布于我国广东、广西及云南等地，中南半岛及大洋洲也有分布。茎、叶供药用。

枸　杞

落叶灌木，高达2米。茎多分枝，常下垂。叶互生或簇生，长椭圆状披针形。夏秋季开花，花冠漏斗状，紫色或紫红色。浆果红色，多汁液。分布于我国华北和西北地区，根皮及果实均供药用。

番　茄

又名“西红柿”。一年或多年生草本，茎匍匐，表面有茸毛。羽状复叶。夏秋季开花，花黄色，花序腋外生。浆果肉质多汁，扁球形或近球形，桔红色或鲜红色。原产南美洲，我国普遍栽培。果实含丰富的维生素A和C，供食用。

茄

又名“落苏”。一年生草本，茎黑紫色。叶互生，倒卵形或椭圆形，叶面粗糙，暗紫色。夏季开花，花淡紫色或白色，常单生叶腋。浆果圆、倒卵或长条形，紫、绿或白色。原产印度，我国普遍栽培。嫩果为夏季主要蔬菜之一。根及种子供药用。

泡　桐

落叶乔木，高达20米。叶大、对生、长卵形或卵形，上面密生细毛。春季先叶开花，花白色，有紫斑，成顶生圆锥花序。蒴果椭圆形；种子多数，有薄翅。分布于我国黄河流域及其以南地区。木材轻软，供制乐器、救生器械等用，通常作庭园树或行道树栽培。

烟　草

一年生草本。茎直立，有粘性腺毛。叶多变异，有圆、卵圆、心脏和披针等形。夏季开花，花淡红或黄色，成顶生圆锥花序。原产热带美洲，我国各地均有栽培。叶加工后制卷烟、雪茄烟等。茎、叶可提取烟碱、苹果酸、柠檬酸等，也可做杀虫剂。

天仙子

一年或二年生草本，有毒。全株有粘性腺毛并有特殊臭气。基生叶丛生，卵状披针形，茎生叶互生，椭圆形，边缘有疏齿。夏季开花，花黄色，有紫色网状脉纹。产于欧、亚、美各洲，我国东北、河北、甘肃等地均有野生，各地常栽培。叶和种子含莨菪碱、阿托品等成分，供药用。

忍　冬

多年生半常绿缠绕灌木。叶对生，卵圆形有柔毛。夏季开花，花成对生于叶腋，初白色，后变黄色，黄白相映，所以又叫“金银花”。浆果球形，黑色。我国各地都有分布或栽培。花、茎（称“忍冬藤”）均药用，或蒸馏成“金银花露”，能解暑清热。

吊灯树

又名“吊瓜树”。乔木，高达15米。羽状复叶，小叶7～9枚，长圆形或倒卵形。花紫红色。果实下垂，呈蜡烛状，长约30～45厘米。原产非洲，我国广东等地引种栽培。为优良行道树或庭荫树。

凌　霄

落叶木质藤本，茎上生有攀援的气生根。叶对生，羽状复叶，小叶7～9枚。夏秋开花，花冠钟状，大而鲜艳，橙红色。果实狭长形，成熟时开裂；种子有翅。原产我国长江流域及华北等地。常栽培，供园林观赏用，花可供药用。

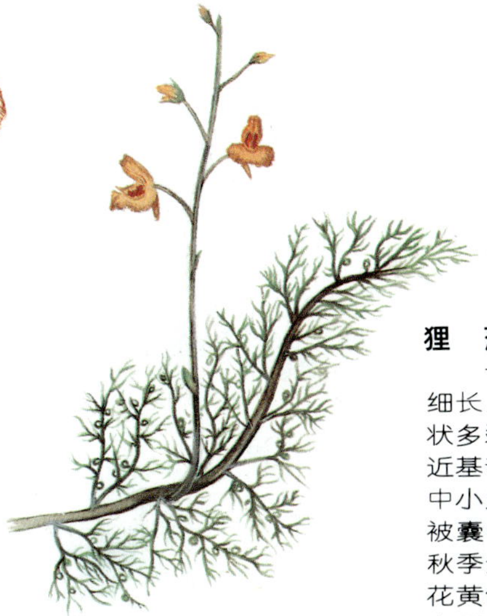

狸　藻

一年生沉水草本，茎细长，分枝。叶互生，羽状多裂成丝状裂片，裂片近基部有捕虫囊，如果水中小虫进入捕虫囊内，即被囊中的消化液所消化。秋季开花，花茎伸出水面，花黄色。分布于东亚及东南亚各地，我国各地均有分布。

马铃薯

又名“洋芋”、“土豆”。一年生或多年生草本，块茎肉质，表面有许多芽眼。叶为羽状复叶，小叶6～8对，夏季开花，花白、红或紫红色。原产南美洲，我国各地均有栽培。块茎含有丰富的淀粉，供食用，也可用来制造淀粉和酒精。

车　前

多年生草本，有须状根。叶丛生，广卵形或长椭圆状卵形，有长柄。夏秋开花，苞片为宽三角形，花小，穗状花序腋生。蒴果椭圆形，盖裂，种子长圆形，黑褐色。分布于我国南北各地，亚洲其他地区也有。种子、全草供药用，种子可榨油。

紫　菀

多年生草本，高1.5米。须根多数，簇生。茎直立，较粗壮。秋季开花，头状花序集生茎顶，花蓝紫色，中间管状花黄色。分布于我国东北、华北等地，朝鲜、日本、原苏联西伯利亚东部亦有分布。根可入药。

苍　耳

一年生草本。茎粗壮，高可达90厘米。叶有长柄，宽三角形，边缘具不规则粗锯齿。春季开花，头状花序顶生或腋生；雌头状花序椭圆形，果熟时总苞变硬。我国各地均有分布。果实叫“苍耳子”，供药用。

党　参

多年生缠绕草本，有白色乳汁，根圆柱形。茎细柔，分枝多。叶对生或互生，卵形或广卵形，边缘有波状钝齿。夏季开花，花冠钟形，淡黄绿色，带紫色斑点。我国东北、华北和西北各地都有分布。根供药用，以山西省长治市产的“潞党参”最为著名。

绣　球

落叶灌木，高约4米。叶卵形，通常三裂，边缘具不整齐粗锯齿。初夏开花，花白色，构成复式聚伞花序，圆球状，直径 5～10厘米。分布于欧洲、原苏联高加索与远东地区，我国新疆北部亦产。常栽培，供庭园观赏用。

桔　梗

多年生草本，有白色乳汁，根肉质，圆锥形。叶轮生，卵形或卵状披针形。秋季开花，花蓝紫色，钟状，一至数朵着生枝端。蒴果倒卵圆形，顶端五瓣裂。产于东亚，我国各地都有分布，常栽培。根含桔梗皂苷，供药用。

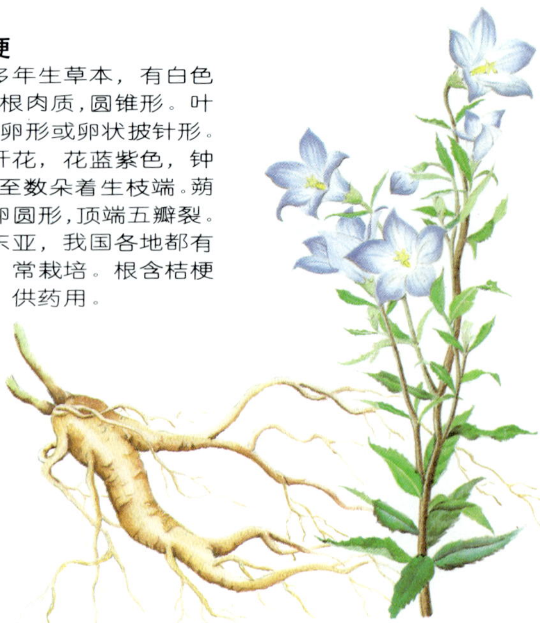

豚　草

一年生草本，上部多分枝，全株有柔毛。叶对生，二至三次羽状复叶。夏季开花，头状花序单性，雌雄同株，雄头状花序成总状排列枝端；雌头状花序生于叶腋或紧邻雄花序基部。原产北美，我国东北、华北及长江流域也有生长。豚草为原产地花粉症的主要致敏源。

红　花

一年生直立草本，高约1米。叶互生，广披针形，边缘有针刺。夏季开花，头状花序顶生，花全部为管状花，桔红色。原产埃及，欧洲、美洲、印度及我国各地都有栽培。花供药用，也可作染料，果实可榨油。

大丽花

又名“大理菊”，多年生草本。高1～2米。具块根。叶对生，一至三次羽状复叶。春夏相继开花，至霜降时凋谢。头状花序，极艳丽，有各种花色，品种甚多。原产墨西哥，我国普遍栽培。是著名的观赏植物。

向日葵

又名“葵花”、“朝阳花”。一年生草本，高可达3米。叶广卵形，两面粗糙。夏季开花，头状花序单朵顶生，向光性，每日随阳光而自东至西变换方向。原产北美洲，世界各地均有栽培，我国栽培较广。种子炒后食用，也可榨油；茎、花盘等可作饲料或工业原料。

菊

通称“菊花”。多年生草本，高达1.5米。叶互生，卵圆形至披针形，边缘具粗大锯齿或深裂。秋季开花，花序大小、颜色和形状随品种不同而异。原产我国，久经栽培。为著名观赏植物，我国十大名花之一。黄菊和白菊供药用。

雪　莲

多年生草本，茎粗壮，叶密集，密生茎端，花蓝紫色，外围有多数白色半透明膜质苞片，形似莲花，因生于高山积雪岩缝中，所以叫“雪莲”。产于我国新疆天山等地。全草药用，有壮阳调经的功效。

大　蓟

多年生草本。高50～100厘米。有多数肉质纺锤状根。叶羽状分裂，倒披针形或倒卵状椭圆形，边缘有刺。夏季开花，花序顶生，总苞外面有蛛丝状毛，花筒状，紫红色或玫瑰红色。我国各省区均有分布。根及叶药用。

葱

又名“大葱”。多年生宿根草本，植株常簇生。叶圆筒形，直径0.5～1厘米，顶端尖，中空，表面有白色粉状蜡质。原产原苏联西伯利亚，我国广为栽培。全株作蔬菜用，也可入药。

天门冬

多年生攀援草本。根梢肉质，呈纺锤形膨大。叶状枝绿色，扁平，镰刀状，常3枚簇生。叶退化成鳞片状，基部有硬刺。雌雄异株。广布于东南亚。我国华东、中南、西南等省区都有野生。块根药用。

蒜

通称“大蒜”。多年生草本。鳞茎球形或扁球形，外皮膜质，多层，灰白或紫色，里面常由多个肉质、瓣状的小鳞茎轮状排列而成。叶条状披针形、扁平。原产亚洲西部和欧洲，我国广泛栽培。供食用或药用。

慈 菇

多年生水生草本。叶柄粗而有棱，叶片戟形。夏季开花，花单性，白色，成顶生总状花序。八 九月间从叶腋生出匍匐茎，钻入泥中，顶端膨大成球茎，上有肥大的顶芽。我国南北各省均有分布，常栽培。球茎含淀粉，供食用或酿酒。

苦 草

沉水无茎草本植物，有匍匐枝。叶条形，绿色透明，长约2米。秋季开花，花极小，浅绿色，雌雄异株，水媒传粉。广布于亚洲地区，我国长江流域一带广泛分布，生于淡水池沼及溪沟中。全草供药用，叶为猪或淡水鱼饲料，也可作绿肥。

蒲公英

多年生草本，有白色乳汁，平铺地面成莲座状。叶片大头羽裂或齿裂。冬末春初抽花茎，头状花序生于花茎顶端，舌状花冠，鲜黄色。果实成熟后像白色绒球，有毛的果实随风飞散，似朵朵小伞。我国各地均有分布。全草药用。

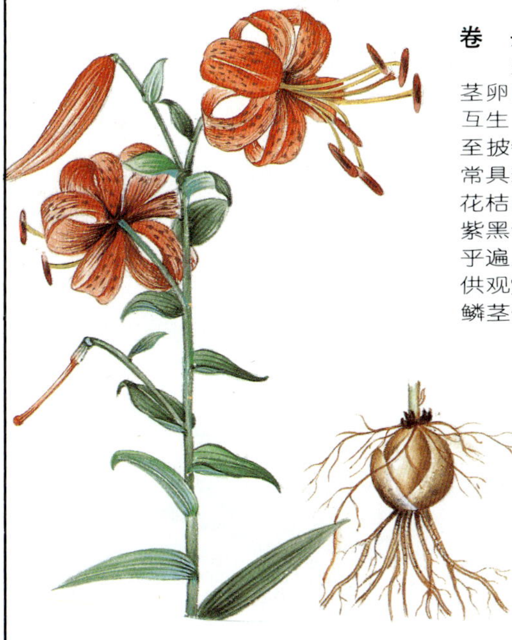

卷　丹

多年生草本，鳞茎卵圆状扁球形。叶互生，长圆状披针形至披针形，上部叶腋常具珠芽。夏季开花，花桔红色，内面密生紫黑色斑点。分布几乎遍及我国各地。花供观赏或提取芳香油，鳞茎供食用或药用。

龙血树

高大木本植物，高可达18米，树龄最长达6000年。叶剑形，丛生枝端。花绿白色。浆果橙红色。原产大西洋加那利群岛，我国南方庭园或温室有栽培。供观赏，树干能分泌红色树脂，称“血竭”，供药用，或作染料。

郁金香

多年生草本，地下有卵形鳞茎。叶基生，广披针形。初春开花，花茎顶端开一朵花，杯状，大而美丽，有白、黄、红或紫红等色，有时有条纹或斑点，或为重瓣。原产小亚细亚，我国各地引种栽培。供布置庭园或盆栽观赏用。

黄　精

多年生草本，地下茎横走，肉质肥大、地上茎柔弱纤细。叶四至五枚轮生，线状披针形，顶端卷曲缠绕。夏季开花，花乳白色。浆果球形、黑色。分布于亚洲东部温带地区，我国东北、华北各地均有分布。根状茎供药用。

百　合

又名“白花百合”。多年生草本。鳞茎近球形，直径约5厘米。茎直立，高约1米。夏季开花，花白色，淡红色，有香气。花瓣两轮每轮六片。分布于我国东北、西北等地。百合供观赏，鳞茎供食用、药用或制淀粉用。

萱　草

多年生草本。肉质根肥大，呈纺锤形。叶丛生，条形，两列排列。花葶粗壮，花序圆锥状，花桔红色。广布于欧洲南部至亚洲北部，我国广泛栽培。根药用。

水　仙

多年生草本，鳞茎卵圆形。叶基生，阔带形，肉质。冬季开花，伞形花序着生在花茎顶端，下托膜质苞片。花白色，内有黄色杯状副花冠，芳香。产于我国浙江、福建等地。观赏植物，鲜花提取高级芳香油；鳞茎有毒，捣烂可敷治痈肿。

君子兰

多年生草本，根肉质。叶基生，宽条形，呈两列紧密套叠排列。春夏开花，花桔红色，内面下部带黄色。浆果紫红色。原产非洲南部，我国常温室盆栽。是著名的观赏植物。

百　部

多年生攀援草本，地下簇生纺锤状肉质块根。叶轮生，卵形。初春开花，花淡紫色，单朵或数朵贴生于叶片主脉上。分布于我国华东各省。块根含生物碱，供药用。

凤尾兰

多年生常绿灌木，茎短而丛生。叶质硬，剑形。秋季开花，花茎高出叶丛，花乳白色，边缘或顶端带紫红色，下垂。原产北美洲，我国各地庭园常栽培。供观赏，叶纤维可制绳索。

石　蒜

又名“蟑螂花”。多年生有毒草本。鳞茎球形。秋季先叶开花，花红色，常5～6朵着生花茎顶端，成伞形花序，花后长出带状叶，第二年春末枯死。多生于阴湿山坡或石缝中，广布于我国东南至西南部。花供观赏用。鳞茎含石蒜碱等，供药用，亦可提取淀粉或供酿酒用。

射　干

多年生直立草本。根状茎鲜黄色，呈不规则的结节状。叶片剑形。夏季开花，伞房状聚伞花序顶生，花桔黄色，有深红色斑点。原产我国，各地普遍分布。除栽培供观赏外，根状茎可提取芳香油，也可入药。

唐菖蒲

又名“菖兰”、“剑兰”。多年生草本，鳞茎扁圆形，被膜质外皮。基生叶互生，剑形。夏秋开花，长穗状花序顶生，花有红、淡红、黄、橙黄、紫、白等色。原产南非，我国各地广为栽培。供庭园观赏或插花用。

毛 竹

又名“南竹”。秆散生，高大，圆筒形，秆中空，有许多节，节间有环。叶披针形，叶鞘上部略被细毛。分布于我国长江流域各地山区酸性土上。秆组织致密，坚韧，富有弹性，是制造家具、纸张、竹器、脚手架等的材料。嫩芽通称“笋”，味鲜美，供食用。

小 麦

一年生或二年生草本，秆高约1米。叶片披针形。穗状花序，小穗含小花三至九朵，通常下部小花结实。麦粒长圆形或卵形，顶端有毛，腹面有深纵沟。是世界上分布最广、栽培面积最大的粮食作物，我国南北各地普遍栽培，主产于北方。为主要粮食作物之一。

淡竹叶

多年生草本，秆高可达1米，具短缩的木质根状茎，须根中部膨大成纺锤形。叶片披针形。夏秋开花，圆锥花序，小穗为条状披针形。分布于我国长江流域以南各地。根药用，有清凉、解热、利尿和催产等功效。

鸢 尾

多年生草本。根状茎匍匐多节。叶剑形，交互排列成两列。初夏开花，花蝶形，蓝紫色，大而美丽，外列花被片中央有一行白色带紫纹的鸡冠状突起。蒴果长圆形，有六棱，深褐色。原产我国中部，各地都有栽培。观赏植物。根状茎含鸢尾黄酮苷，供药用。

凤 梨

又名“菠萝”。多年生常绿草木，茎短，叶剑状，螺旋状密生，边缘有刺或无刺。花序从叶丛中抽出，椭圆形。果实顶端有叶丛状的冠芽。原产巴西，现广泛栽植于热带地区，我国南方也有栽培。果为著名热带水果，供生食或加工用，叶纤维供造纸或编织用。

玉 米

又名“玉蜀黍”、“珍珠米”、“包谷”。一年生草本，有支持根。秆粗壮，不分枝。叶宽大，条状披针形。夏季开花，花单性，雌雄同株，雌花序肉穗状，腋生。原产拉丁美洲，全世界广泛栽培。为主要粮食作物之一，供食用或酿造等工业用。根、叶、花柱供药用。秆及穗作饲料用。

稻

一年生草本，高30～100厘米。叶片线形，叶鞘有茸毛。圆锥花序成熟时向下弯垂，小穗含三朵小花，下方两花退化。我国为原产地之一，全国各地均有栽培，产量占全世界第一位。稻米为我国主要粮食之一，除供食用外，还可酿酒、制淀粉。秆和米糠供饲料或工业原料用。

甘 蔗

多年生草本，秆粗壮，高2～4米，绿色至棕红色。大型圆锥花序顶生。栽培于热带或温暖地区，我国南方广泛栽培。为重要制糖原料，秆和叶是良好饲料，蔗渣是造纸原料。

粟

又名“谷子”，一年生草本，秆粗壮，高达1米。叶鞘无毛，叶片线状披针形。圆锥花序呈圆锥、圆筒、纺锤、棍棒状多种形状，通常下垂，主轴密生柔毛。种子（俗称“小米”）卵圆形，黄白色。原产我国，以河北、山东、东北和西北等地栽培最多。小米供食用或酿酒，茎、叶、谷糠可作饲料。

高 粱

一年生草本。秆高3～4米，有髓。叶片带状披针形。圆锥花序顶生。颖果呈褐、橙、淡黄或白色。种子卵圆形，微扁。我国广泛栽培，以东北各地最多。种子供食用、酿酒或制饴糖。

芦 苇

多年生草本。根状茎粗壮，匍匐，秆高达1～3米。夏秋开花，圆锥花序顶生，分枝斜上或伸展。生于池沼、河岸或道旁。分布遍及我国和全球温带地区。秆供编织、造纸等用，根状茎药用。

省 藤

有刺木质藤木。茎长可达25米。叶互生，羽状全裂，叶柄及叶鞘常有刺。花小，杂性异株，成圆锥花序。产于我国广东、广西等地。茎柔韧，可供编制各种藤制品。全株供药用。

槟 榔

常绿乔木，高近20米，茎基部略膨大。羽状复叶，有长叶鞘。花雌雄同株，成肉穗状花序。果长椭圆形，橙红色。花、果有芳香。原产东南亚，我国台湾、福建、广东、云南等省均有栽培。果皮供药用。种子可食。木材作房柱、隔板等用。

椰 子

常绿乔木，高15～30米。羽状复叶全裂，长3～4米。肉穗花序腋生，多分枝，雌雄同株。坚果倒卵形或球形。广布于热带地区沿海岸。我国分布于台湾、广东和云南等省。果实为热带著名果品之一。椰肉可榨油，椰棕可制绳索等。

油 棕

乔木，高可达10米以上。叶片大，羽状全裂。花雌雄同株，花序较大，头状。坚果卵形或倒卵形。原产非洲热带地区，我国两广和云南等地有产。果皮及种仁均可榨油，是世界上单位面积产油量最高的油料作物，有“世界油王”之称，供食用或工业用。

薏 苡

一年生或多年生草本，高达1.5米。叶线状披针形。夏秋开花，花单性，雌雄同株，雌花序位于花序基部，外面有硬质易破的念珠状总苞。我国分布较广。种仁称“米仁”，供食用、药用或酿造等用。茎、叶可作造纸原料。

天南星

多年生有毒草本。块茎扁球形。叶一枚，小叶片辐射状排列，似一把展开的伞。夏季开花，肉穗花序外包紫色或绿色佛焰苞。浆果鲜红色。广泛分布于我国云南、湖南和华东各地。块茎药用。

棕　榈

常绿乔木，高约7米，茎不分枝，被由叶鞘形成的纤维（棕皮）所包围。叶大，掌状分裂。初夏开花，花小，黄色。核果球形，蓝黑色。分布于我国秦岭以南各地，野生或栽培。棕衣供制绳、制刷等用。果实可提取植物蜡，供制复写纸等用；又为观赏树。

龟背竹

多年生木质藤本。幼叶披针状长圆形，全缘，老叶宽长圆形，羽状深裂。肉穗花序，花两性，无花被。产于我国广东南部，印度和东南亚广为分布。常温室栽培，供观赏。

芋

俗称“芋艿”、“芋头”。多年生草本，有肉质球茎。叶卵形，叶柄盾状着生。肉穗花序，雌雄同株，雄花在上，雌花在下，中间间隔一不孕部分。原产亚洲南部，现广泛栽植于热带各地，我国南方广为栽培。块茎供食用。

巨魔芋

多年生草本。地下有直径0.5米的块茎。茎高0.5米，有一叶贴生基部。肉穗花序顶生，巨型，高达3米，直径1.5米，中间有绿色花穗，有恶臭，通过苍蝇和甲虫传粉，花期短，开花一天就凋落。原产苏门答腊热带雨林中，是世界上花序最大的草本植物。

半　夏

多年生有毒草本。地下有块茎。叶基生，单叶或三出复叶，叶柄长，近基部有珠芽。初夏开花，佛焰苞黄绿色。产于我国北部、西南部和长江流域一带，块茎风干（称生半夏）或炮制（称熟半夏），供药用。

水浮莲

又名“大薸”。多年生浮水草本，根长而悬垂。叶倒卵状楔形，6～8片簇生。夏季开花，雌雄同株，成肉穗花序。果实浆果状。广布于热带或亚热带地区，我国南部和中部均有分布。为速生优良饲料作物。

姜 黄

多年生草本，有圆柱形、黄色的根状茎和纺锤形块根。叶根出，长椭圆形。花茎从叶鞘抽出，穗状花序密集，秋季开黄花。原产亚洲南部，我国东南至西南部均有分布。根状茎药用，也可制黄色染料或调味品。

香 蕉

多年生草本，有匍匐茎，假茎浓绿。叶片矩圆形，长约30厘米。穗状花序下垂，结果150～360个，重量可达32千克，果肉黄色，香甜。原产我国南部，现广为栽培，以广东最多。为热带著名水果。假茎作饲料或供造纸、制绳索等用。

鹤望兰

多年生草本。叶椭圆状披针形，两列着生，叶柄细长。花数朵生于一舟状的总苞中，萼片桔黄，花舌两侧有耳，暗蓝色，似展翅的仙鹤，故名。原产非洲，我国各地温室常有栽培，供观赏。

旅人蕉

常绿乔木，高达10米。叶长椭圆形，有长柄，两列于茎顶，使树冠呈折扇状。蝎尾状聚伞花序腋生，花白色。蒴果裂为三瓣。原产马达加斯加，我国台湾、广东、海南等省有栽培。叶柄基部积水，旅行者口渴时，用小刀戳穿叶柄而得水解渴，故名。

姜

多年生草本，根状茎肥厚，呈不规则块状，淡黄色，有芳香及辣味。叶披针形。穗状花序从根状茎抽出，花冠黄绿色，唇瓣紫色。原产太平洋群岛，现各国温热地带均有栽培。根状茎入药，或作蔬菜和调味品。

豆 蔻

又名“白豆蔻”。多年生常绿草本，高2～3米。根状茎匍匐，有分枝。叶两列，近无柄，叶片细长，边缘近波状。初夏开花，花淡黄色，穗状花序圆柱形。蒴果卵圆形，种子暗棕色。产于亚洲东南部，我国广东、广西、云南、贵州等地都有分布。种子、花、果壳均可入药。

扇脉杓兰

多年生草本，根状茎横走。叶片二枚，对生，菱状圆形或横椭圆形，有扇形叶脉。花单朵顶生，绿黄色，有紫色斑点，唇瓣囊状。分布于我国中部地区，生于海拔1000～2000米林下。供观赏用。

砂　仁

又名“阳春砂”。多年生草本，高达2米，茎匍匐。叶两列，披针形或长圆状披针形，无柄，叶鞘抱茎。春季开花，花白色，唇瓣中脉凸起，呈紫红色，穗状花序自根状茎发出。果实矩圆形，紫色。分布于我国福建、广东、广西、云南等省区，野生或栽培。种子供药用。

天　麻

多年生腐生草本，高达1米。全株无叶绿素。块茎肉质肥厚，地上茎直立，黄赤色，节上有膜质鳞片。夏季开花，花多数，成密集的总状花序，花黄色或淡绿黄色。产我国东北、西部地区。天麻要依靠蜜环菌供养才能生长。块茎含香草醇等，供药用。

石　斛

多年生常绿草本，附生于树干上。茎直立，丛生，黄绿色，有明显的节和纵条纹。叶片长椭圆形，生于茎的上部。夏季开花，花白色，微带紫红色。分布于我国长江以南各地，常盆栽，供观赏，茎供药用。

大花美人蕉

多年生草本，高1～2米，根状茎块状。叶互生，长椭圆状。四季开花，总状花序顶生，有白粉，花鲜红色、黄色或白色。蒴果长卵形，外面有瘤状突起。原产热带美洲，我国各地广为栽培。供观赏。茎、叶作造纸、人造棉原料。

白　芨

多年生草本，有结节状分歧肥厚的块茎。叶片广披针形。初夏开花，总状花序顶生，花紫红色。蒴果圆柱形，有纵棱。产我国东部及西南部。块茎供药用，全株供观赏。

古生物图谱

审　　校

上海自然博物馆副研究馆员

华　惠　伦

美国休斯敦大学博士

殷　静　雯

编　　文

华惠伦　　殷静雯

绘　　图

张蔚昕

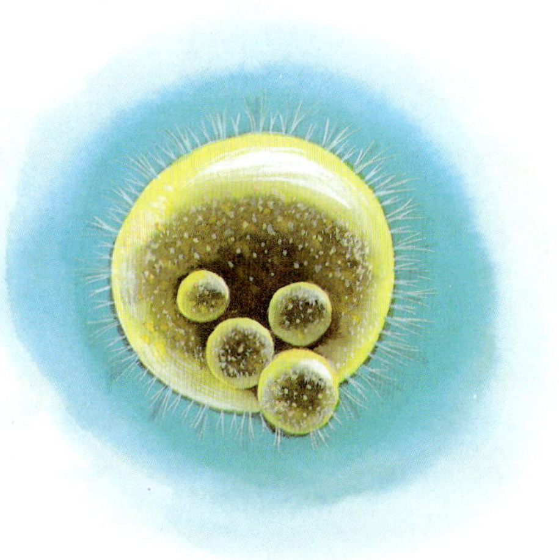

团藻

生长在大约六亿年前的水域中。藻体呈球形,内有许多黄色素，直径只有 1 ～ 2 毫米,有成束的鞭毛向外伸出。

管孔藻

生长在大约五亿年前的海洋里。因形状如管子而得名。这是一种巨型藻类，生长在海洋中，看上去好像是一片被水淹没的森林。

中华蓼

生长在一千五百万年前，我国山东省的川旺地区。

红藻

生长在大约五亿年前的海洋里，形状如叶片。质体中除了含有叶绿素和黄色素外，还有大量藻红素，所以呈现红色。这是红藻的一种。

苏柏羊齿

生长在二亿三千万年前，常出现在匙叶林下，是一种蕨类植物。叶轴两分叉，叶子呈扇形，叶质较厚;到时落叶，以后再长出新叶。

双扇蕨

生长在大约二亿年前我国四川与云南交界的宝鼎地区，因其形状酷似蒲扇而得名。

舌羊齿

生长在二亿三千万年前。因为它的叶子呈羊舌状，所以叫“舌羊齿”。我国西藏科学考察队，曾在喜马拉雅山的曲宗、曲布和库间等地发现过这种远古植物。

麻黄

生长在六千五百万年前的干旱平原上。草本状灌木，枝丛生，叶子呈鳞片形，初夏开花，外貌与现代的麻黄十分相似。

东北裂鞘叶

生长在二亿五千万年前。具有明显的节和节间，叶子轮生，由8～16瓣叶子组成两个形如对生的叶瓣群。

真蕨类

生长在二亿三千万年前，外貌与现代的一些真蕨相似。其种类数超过万种以上。

槭叶刺楸

生长在一千多万年前，是一种落叶乔木。有刺，叶子呈掌状，有许多裂口，和现在我国各地生长的刺楸是亲属。

红　树

生长在三千八百万年前我国广东沿海以及热带亚洲和澳大利亚。这种树有支柱根，叶子呈长椭圆形，花黄白色，二朵并生。

圆茎本内苏铁

又叫圆茎本内铁树，生长在六千七百万年前，外貌和现代的铁树相似，但茎更粗短，形状像一只扩大的圆萝卜

粗茎本内苏铁

生长在二亿年前的沼泽地中，皮很厚，因茎比本内苏铁粗矮，故名。外貌与现代苏铁相似

古海草

大量生长在大约六亿～十亿年前的海洋里，给海洋增添了新的色彩。海草是藻类植物中的一种。

昌都亚鳞木

生长在三亿三千万年前，常在沼泽地旁形成一片昌都亚鳞木森林。这种植物树干较粗，叶子长在顶端和近地面部位，中间无叶。

东北假苏铁

生长在一亿四千万年前的我国东北地区，茎粗大，叶子羽毛状，集中生在茎顶，外貌很像现代的苏铁，所以叫它“东北假苏铁”。

本内苏铁

生长在一亿七千万年前的我国北方。这种古代植物，茎粗，叶子呈羽毛状，与现代的苏铁相似

木　贼

生长在二亿三千万年前,高可达 1 米,是多年生直立草本蕨类植物。茎粗大，直径有10厘米，茎上有节 ,节间中空。生长在山坡湿地或疏林下。

裸　蕨

生长在三亿五千万年前，是最古老的陆生植物之一。地上茎直立，高可达 1 米以上。侧枝连续两歧分叉，可多达六次。

原始鳞木

生长在三亿五千万年前，是最古老的陆生植物之一。茎直立粗壮，高可达30余米，顶端像麦穗状。是我国当时主要的造煤植物之一。

科达树

生长在二亿三千万年前的沼泽地区。古乔木，高可达30米以上，茎直立，树冠密生小枝，小枝上有大而长的叶子。

拟仙人掌鳞木

生长在二亿八千五百万年前，是一种乔木状植物，高大粗壮，树干顶部多次两歧分枝，状如扩大的仙人掌。它的根状茎也有分枝。

星　木

生长在三亿五千万年前，是最古老的陆生植物之一。高约0.5米,茎枝表面密布 5 毫米左右的鳞状突起，形状像小叶子。

海林檎
大约生活在四亿多年前的海底。因体形像植物中的林檎(花红)而得名。实际上，它是一种棘皮动物，与今天的海参是同类。

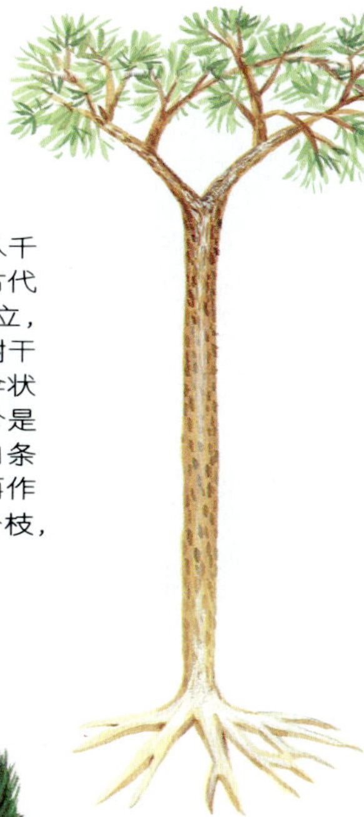

普通鳞木
生长在二亿八千五百万年前，是古代乔木状植物。茎直立，高可达30多米，树干顶部形成宽广的伞状树冠。根状茎部分是自茎干基部分出四条主枝，每一主枝再作多次平展的两歧分枝，向四周伸展。

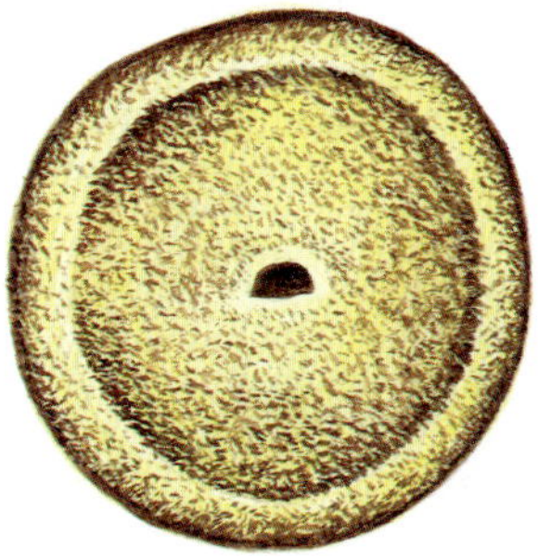

羊齿蕨
生活在四亿零五百万年前，是最初有叶子的蕨类植物。这是羊齿蕨茎的横切面。

封印木
生长在二亿三千万年前的古代乔木，高可达30多米，树干仅在顶部分枝，叶子呈针状或披针状；长可达一米。根状茎部分作多次横展的两歧分枝。

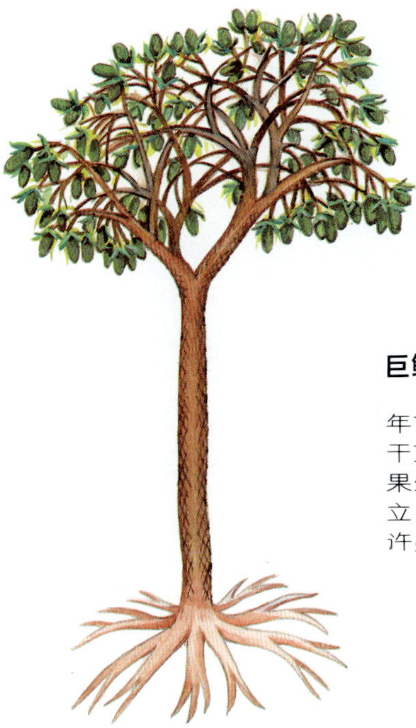

巨鳞木
生长在大约三亿年前，足有40米高。树干顶部长满球果，球果外有鳞片。干茎直立，根状茎部分长出许多枝。

古水母
生活在六亿年前的海洋里，常在近水面浮游，与现代的水母是亲属，外貌也相似。

漏斗鞭毛虫

生活在六亿年前的海洋中，是一种最低等的古动物。鞭毛虫的种类很多，这种形如漏斗的鞭毛虫是其中的一员，它用细长的鞭毛在水中运动。

涡　虫

生活在六亿年前海洋中，它的身体扁平，像一片柳树叶子，体表有许多纤毛，摆动时激水呈涡状，所以叫它涡虫。

三叶虫

大约生活在五亿年前的节肢动物。长约数厘米，通常紧贴海底游弋，或潜伏在泥砂中，捕食蠕虫为食。到二亿三千万年前，三叶虫完全绝灭了。

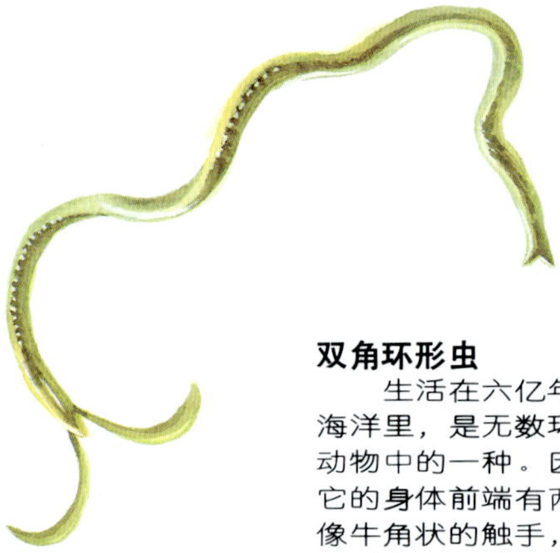

双角环形虫

生活在六亿年前海洋里，是无数环形动物中的一种。因为它的身体前端有两个像牛角状的触手，所以叫它双角环形虫。

太阳虫

生活在六亿年前，是一种最低等的动物。身体呈球形，有许多尖针状的伪足，放射状排列在身体四周，用来捕捉食物。太阳虫有许多种，几乎全部生活在淡水中。

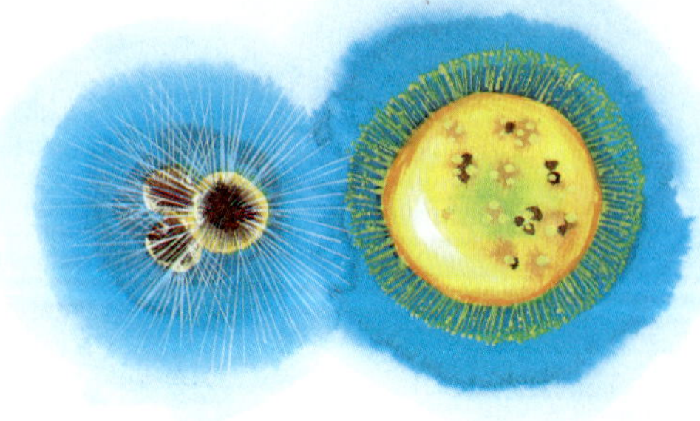

圆水母

生活在三亿五千万年前海洋中，与现代的海蜇同属一类。身体由伞部和口腕部组成。善于水中浮游，每当大风浪或暴雨来临时，会下沉到海洋下层。

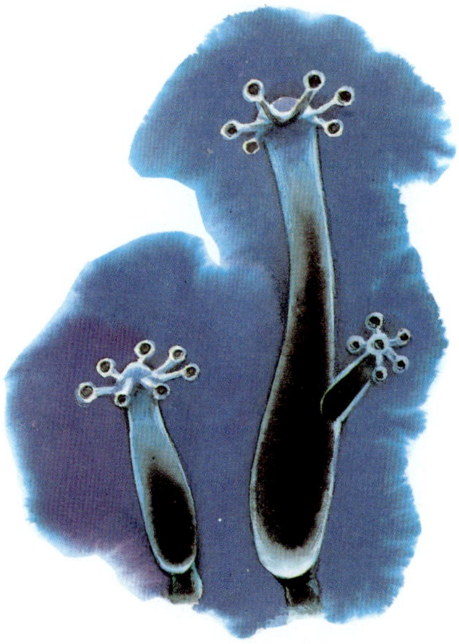

古水螅

原始多细胞腔肠动物，生活在六亿年前的海洋里。个头小，呈管状，一端着生在礁石上，另一端有口，周围有几条小触手，触手上布满刺细胞用来捕食。

巨蜻蜓

生活在二亿八千五百万年前，常在沼泽地上空飞行。外貌和现代的蜻蜓差不多，但体形大，翅膀展开有76厘米宽，所以叫它巨蜻蜓。

马　陆

生活在二亿八千五百万年前的森林中。多足动物，外貌与现代的马陆相似，身体长而稍扁，两侧有许多步肢，和蜈蚣是亲属。生活在潮湿的地方，以腐殖质为食。

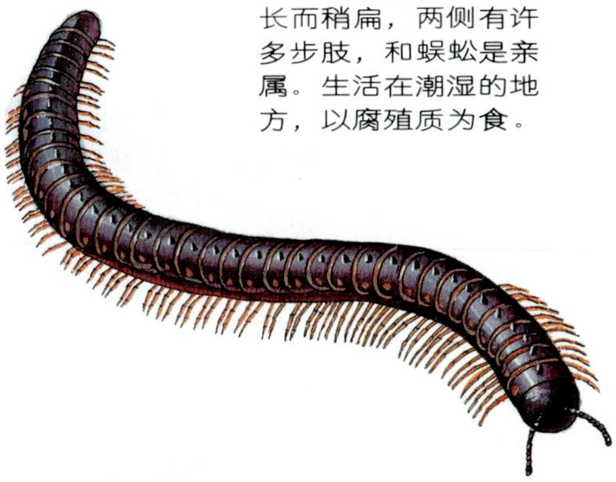

古蚂蚁

生活在六千七百万年前。由于它体形小、强壮、耐寒，所以一直生存到今天，几乎在世界任何地方都能见到。这是保存在琥珀块中的古蚂蚁。

古海绵

出现在三亿年前的海洋里，形状如瓶，身体固着在礁石上，不会行走。因为它身上有许多小孔，所以也叫它多孔动物。

蝎子

出现于二亿八千五百万年前。古代蝎子和今天的蝎子差别较大，身体较长，前面有一对像蟹钳的螯肢，尾巴末端有一个弯曲的刺，内有毒腺。

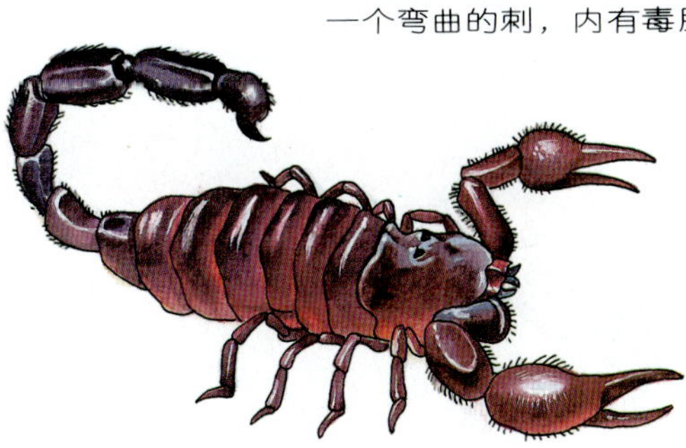

直角石

生活在四亿多年前的海洋里。直壳型，嘴巴四周长有十条左右的腕，腕的腹面有许多小吸盘，小动物一经接触，就被它吸住吞食。

鹦鹉螺

出现在三亿多年前，头足类动物。壳大，灰底橙纹，栖息海底，夜间群游，直到今天在热带海洋里还能见到它，是地质时期鹦鹉螺类残存的后代，所以有“活化石”之称。

中凹腕贝

生活在大约三亿七千万年前的海洋里，腕足类动物，与无细孔腕贝是近亲。它的贝壳中央有一条很深的凹槽，所以叫它中凹腕贝。

鳞甲虫

又名“鳞虾”，节肢动物，外貌与现在的虾完全不同。生活在三亿五千万年前的沼泽地带。

古头足类

生活在四亿四千万年前的海洋中，头足类动物，壳长约30厘米，上有红色横条纹，嘴巴四周有十条腕，外貌与现在的乌贼相似。

海绵

生活在六亿年前的海洋里，形状像丝瓜，不会行走，身体固着在岩石上。

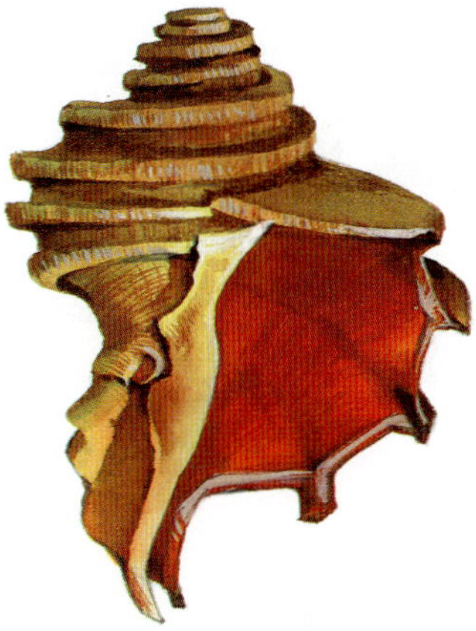

四肋泄露螺

生活在大约二千万年前，壳体美丽。因为贝壳上有四条明显的棱起，所以叫它四肋泄露螺。

不规则纺锤螺

生活在六千七百万年前，螺体色彩美丽，形状似不规则的纺锤形。

树形古杯动物

生活在五亿年前的海洋里，固着于海底，形状像一株树，每个分支形如杯状，是古杯动物的一种。

丝瓜海绵

生活在五亿年前，固着在海底,体呈绿色,形状像丝瓜，所以叫它丝瓜海绵。

多刺海绵

生活在五亿年前，以细的一端固着在海底，身上长满小刺，外貌很像仙人掌，所以又叫“海仙人掌”,不过它是动物。

古杯动物

生活在五亿年前的海洋里，体分支，每支呈杯形，固着在海底的礁岩上，形体近似于珊瑚和海绵。

圆桶海绵

生活在五亿五千万年前，体形似圆桶，上面有许多“小刺”形成的花纹，十分美丽。

双甲扁虫

生活在五亿五千万年前，身体扁平，背部前后生有二片甲壳，前端有一对分节的触角，体边缘长有许多刺状物。

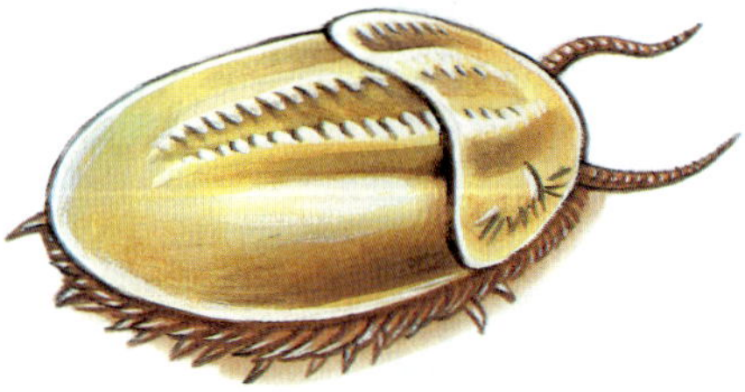

凹甲虫

生活在五亿五千万年前，节肢动物，身体的头胸部有一个很大的、中间覆盖着凹陷的甲壳，露出许多分节的足，并有一对尾须。

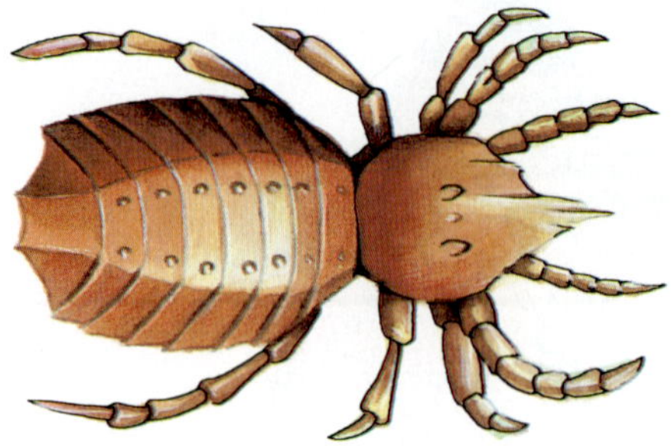

古无翅虫

生活在大约四亿年前，原始节肢动物。身体前部呈圆形，上有四对分节的附肢；后部略成方形，只有一对分节附肢。没有翅膀，整个形状有点像蜘蛛。

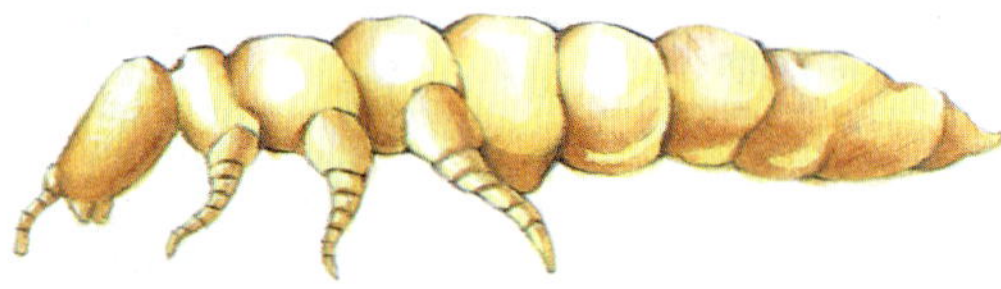

八节虫

生活在大约四亿年前，身体呈圆筒状，除头尾外，躯体分八个节，前面三个节上长有附肢，以植物为食。

原无翅虫

生活在大约四亿年前，原始节肢动物。外貌有点像跳蚤，没有翅膀，只有分节的足。

花瓶海百合

生活在五亿多年前的海洋里，是最古老的棘皮动物。因形状如花瓶而得名。上端是分枝的腕，中间是杯形的萼，最下面是柄，固着在海底。

海葵状多皱珊瑚

生活在三亿五千万年前的海洋里，外貌像海葵，体上多皱纹，所以叫海葵状多皱珊瑚。

盘形古杯动物

生活在五亿七千万年前，形状像一个大盘子，色彩鲜艳，固着于海底。它的结构既不同于珊瑚，又不同于海绵，是最古老的造礁动物。

古钱虫

生活在五亿五千万年前，是一种十分罕见的有孔虫。壳为石灰质，因形状似古钱而得名。

角珊瑚

生活在三亿一千万年前的海洋里，体形似角，长约 3.5厘米。

僧帽贝

生活在二亿七千万年前，贝壳的形状有点像济公和尚的帽子，长约 8.5厘米。伸出的肉足呈斧形。

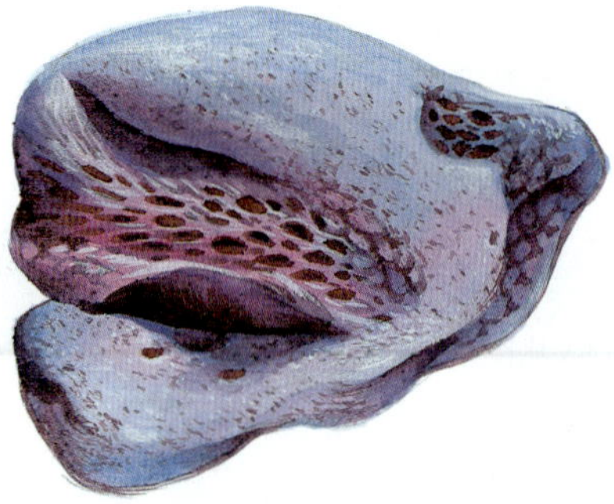

海笋

生活在五亿七千万年前的海底里，贝壳薄而脆。体形虽小，但能在岩石或珊瑚礁上，穿凿洞穴栖息。

板珊瑚

生活在大约三亿八千万年前的海洋里，具有无孔壁的细长珊瑚单体，以及许多平行的拱形横板。珊瑚单体经过分裂，产生新的珊瑚单体。

古竹蛏

生活在五亿七千万年前，外貌和今天的竹蛏相似，体呈长方形，两瓣壳形似竹片，栖息在浅海沙泥中。

笊蛤

生活在五亿七千万年前，外貌很像今天的蛤子，两瓣壳较厚，常在海底沉积物表面挖洞居住。

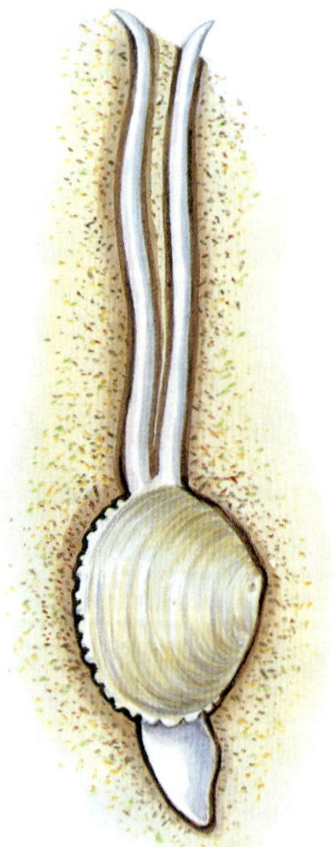

古牡蛎

生活在六千四百万年前的海洋里。它的左半壳大而凹，附着于岩石上；右半壳小而平，好像一个盖子。

欧洲浅茅

是一种双壳贝，生活在五亿七千万年前的海洋沙底，平时埋在沙中，只有能收缩的水管露出在沙外。

坦帕湾珊瑚

生活在一千二百万年前，体长约16厘米，因发掘于美国佛罗里达州的坦帕湾而得名。

古芋螺

古芋螺又叫“鸡心螺”，生活在一千二百万年前。贝壳呈圆锥形，厣很小而不能遮盖壳口。这种螺具有毒腺，毒性强如蛇毒，动物被其所伤后，轻则产生剧痛，重则有致命的危险。

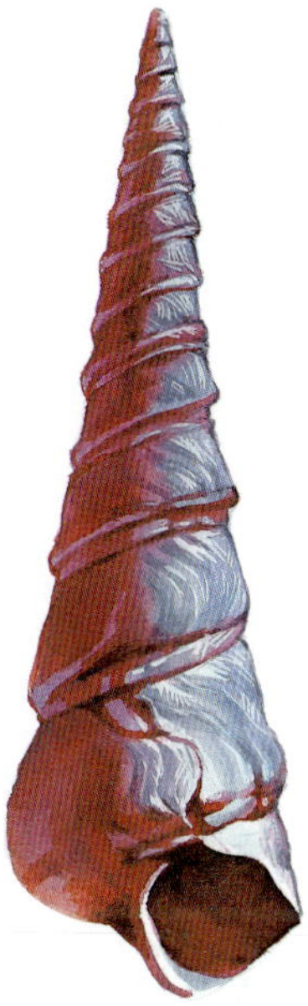

古锥螺

生活在大约二百万年前的海洋里，外貌和现代锥螺很相似，贝壳呈长锥形，螺旋状，高约3.5厘米，壳顶尖细，很容易损伤。

旋锥螺

生活在一亿三千七百万年前，体高仅3厘米，贝壳的螺旋十分明显，所以叫它旋锥螺。

多肋蚶

生活在大约三亿七千万年前的海洋里，外貌很像现代的毛蚶或银蚶，贝壳上有许多明显突起的棱，所以叫它多肋蚶。

巨蟹守螺

生活在三千七百万年前的海洋里，有一个锥螺似的贝壳，壳高可超过54厘米，壳上有许多突起，所以也叫它多棘蟹守螺。

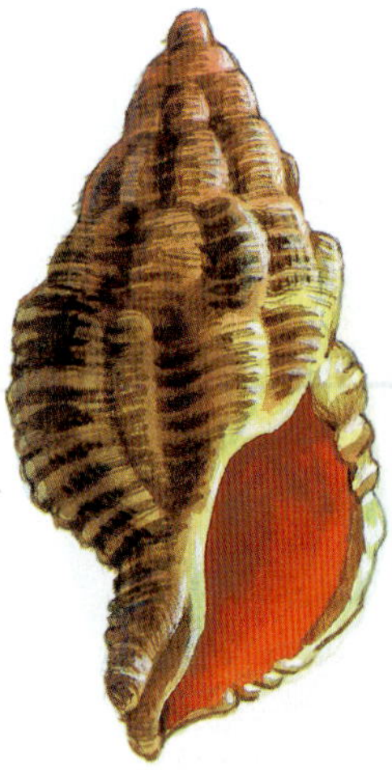

交错衲螺

生活在一千二百万年前的海洋里，壳厚而硬，上面交错排列着许多棱状突起，所以叫它交错衲螺。

多疣梭子蟹

生活在一千二百万年前的海洋里，外貌与现今的梭子蟹十分相似，所不同的是背面有许多疣状突起。

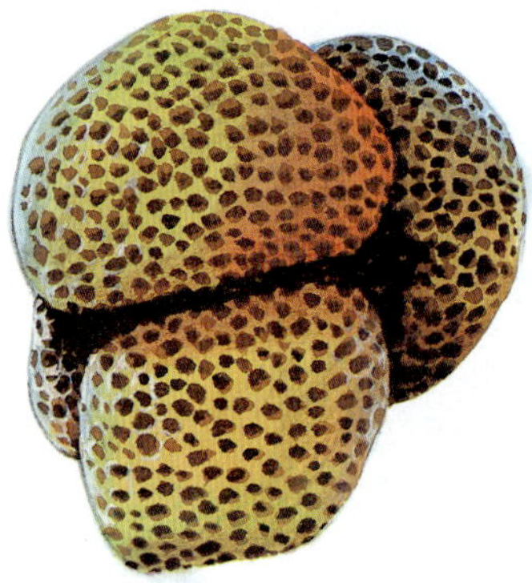

白垩球房虫

生活在六千七百万年前的海洋里，单细胞动物。形状似球，有许多个粘合在一起。壳上除一个开口处，还有许多小孔。它的根状伪足，从壳口和小孔伸出。

长龙虾

生活在一亿三千七百万年前，体长约 7.5厘米，具有细长的腿和特别长的触须。这是长龙虾的头胸部。

四节蜉

生活在二千六百万年前，外貌与现生的蜉蝣差不多，躯体细弱，翅膀半透明，前翅发达，后翅很小，腹部末端有二条长尾须。寿命很短，出生后几天就死去。

橡子藤壶

生活在大约二千万年前的海底，平时成群地固着在一个大扇贝上。看去很像橡树的果子。

江珧

生活在大约六千四百万年前。它属于双壳贝，贝壳大而薄，前尖后广，呈楔形。它的足丝发达，固着于海洋沉积物上生活，终生不移动。

弯曲同心蛤

生活在二至三百万年前，化石发掘于比利时的沙地里。体形呈心形，长 6 厘米，高 5 厘米，两侧向内螺旋，所以叫它弯曲同心螺。

粗毛虫

生活在五亿五千万年前，是最原始的甲壳动物，善游泳。背上长有很大的刺，步行足长，并有羽毛状的鳃。

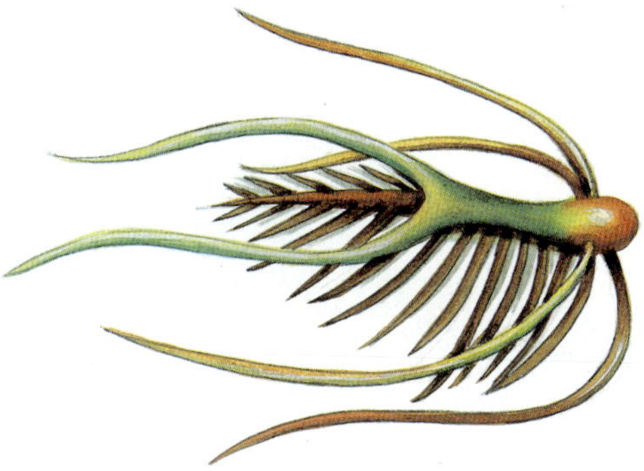

纺锤虫

纺锤虫又叫“蜓”，生活在二亿多年前，属单细胞动物。体长 4–6 毫米，因为它呈纺锤形，所以叫它纺锤虫。由于它体小，看上去像米粒，所以它的化石群体也叫“米岩”。

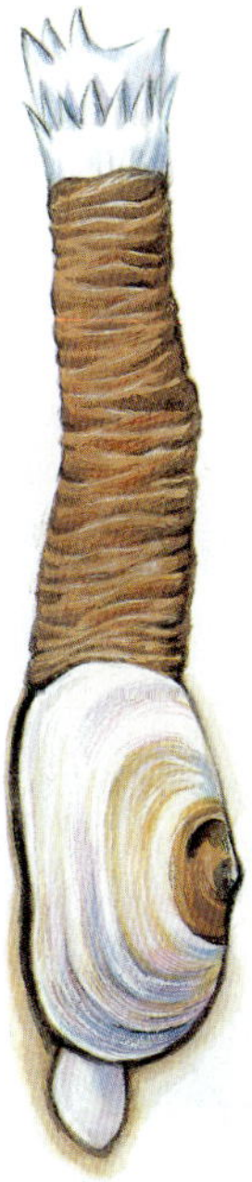

海螂

生活在六千四百万年前的海洋里，贝壳较大，长卵圆形，左右两爿大小不等，它以粗水管似的摄食器官捕食，整个身体埋入泥沙中，仅摄食器官露出于外面。

格里发伊亚牡蛎

生活在六千四百万年前的海洋里，常栖息于柔软的海底沙土上。它的外貌与今天生存的牡蛎不一样。

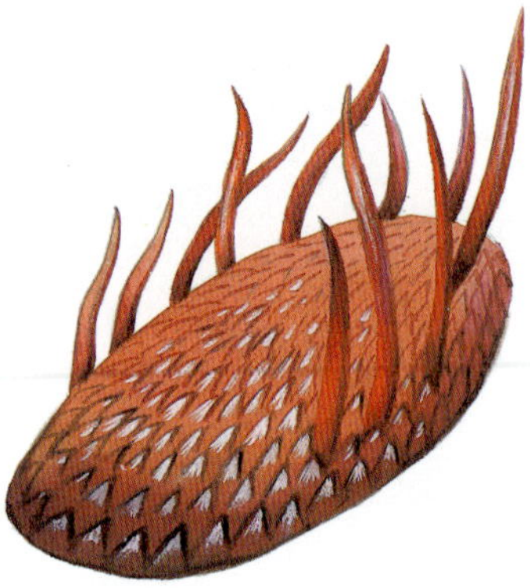

鳞刺虫

生活在五亿五千万年前，身体扁平，呈卵圆形，上有鳞片，还长着许多可以保护自己的刺，常在泥土表层四处游动。

有爪虫

生活在五亿五千万年前，它的特征介于节肢动物与环节动物之间，与今天生存的节蚕是近亲。栖息在海洋里，在前端的一对附肢上长着六根刺，步行肢的前方也有一对刺，末端的两对肢上长着向后伸出的单一刺。

紫壳菜

生活在六千四百万年前。是一种双壳贝类动物。紫壳菜栖息在海洋里，由缩小的脚分泌出足丝，固着于岩石上。

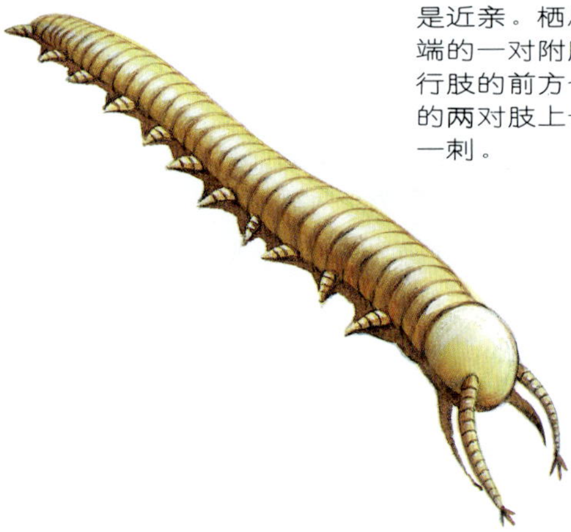

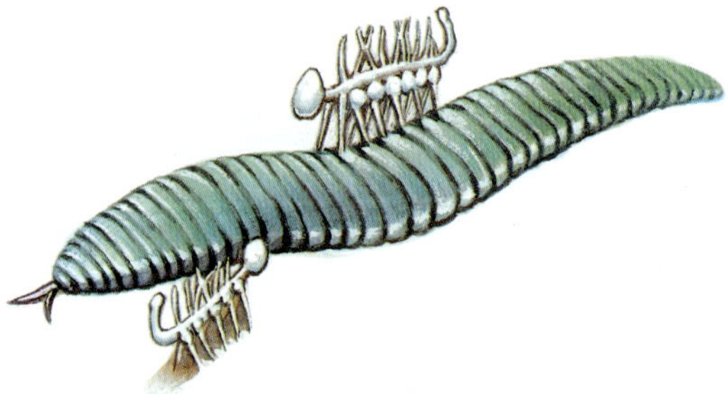

长棘海绵

生活在五亿五千万年前，浑身生着长而尖的棘，体形似麦穗状，通常附生着一些贝类。

幻形虫

生活在五亿五千万年前，体形圆筒状，肢体前端长有七对硬刺，和七对并排的柔软触手，前端分叉，是一种外形很奇特的动物。

凿船虫

又叫船蛆，生活在六千四百万年前，体形似蛆，前端有一个小的白色贝壳，它在木材中钻洞穴居，而且会分泌石灰质巩固巢穴四周。

古海葵

生活在四亿年前的海洋里，身体呈圆筒状，体表坚韧，上端有一个平的口盘，四周长有许多中空的触手，用以捕食小动物。

海扇

生活在六千四百万年前的海洋里，双壳贝类动物，两瓣贝壳不能完全闭合，以吸水及排水的方式在水中游泳。

突鼻环节虫

生活在五亿五千万年前的海洋古节肢动物，头部长有五个复眼，复眼前方有一个突出的鼻子，以鼻尖端的刺捕捉猎物。

古箭虫

生活在五亿五千万年前的海洋里，被认为是脊椎动物的始祖。其脊索上有“V”字形并列的筋节，形同现今的蛞蝓鱼。

布里阿尔卑斯环虫

生活在五亿五千万年前，身体圆长，前端有一个能伸缩的钩状吻，遇到小型贝类、环虫时，即将吻伸出捕食。有时也以同类为食物。

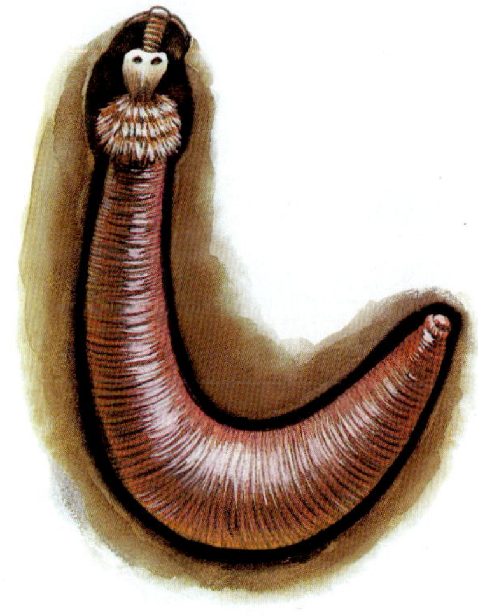

线珊瑚

生活在三亿五千万年前，外形分单体和群体，群体上有许多生长线，可以以此推算出它的生长年代。

圆楯海胆

生活在二至三百万年前的海洋里，体呈圆形，上面长有星形花纹。

二叉海百合

生活在三亿一千万年前的海洋里，体形与佛手相似，由腕、萼、柄三部分组成。

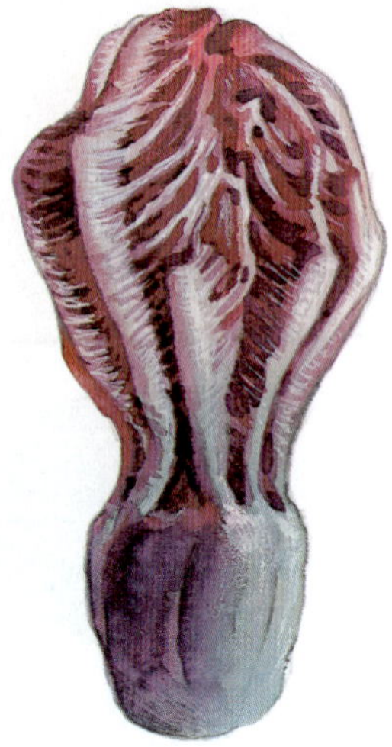

泥盆纪海星

生活在大约四亿年前的海洋里，外貌与现代的海星相似。外形扁平，中部体盘发出放射状的五条腕，好像一个五角星。

皇海百合

生活在三亿一千万年前的海洋里，形状似仙人掌，由腕、萼、柄三部分组成，固着在礁石上生活。

孔楯海胆

又名“沙元”，生活在一千二百万年前。身体直径为4.5厘米，上有一个钥匙状的孔，孔上有星状的花纹。

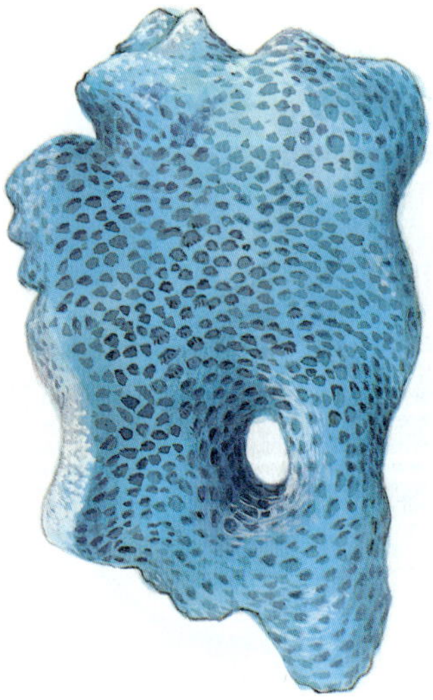

中新世珊瑚

生活在一千二百万年前的海洋里，这是珊瑚虫的群体，长约有14厘米。

螺旋海百合

生活在三亿一千万年前的海洋里，身体分为腕、萼和柄三个部分，茎骨板为螺旋形。

大眼翼鲎

生活在大约四亿年前，眼睛很大，有蜘蛛状的步足，最前面一对像有齿的钳子，中间四对似细针，后面一对呈桨状。

丽圆三叶虫

生活在四亿四千万年前的海里，体呈圆形，二枚棘刺从头部向下伸长，身上有许多横突。多数栖生在海底。

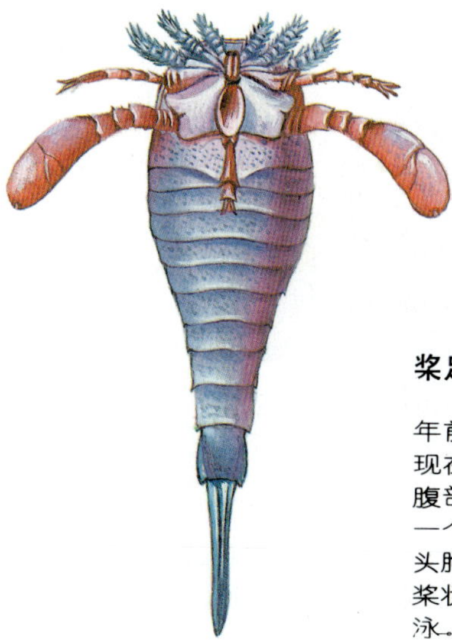

桨足鲎

生活在大约四亿年前，长可达 3 米，与现在的鲎不同，它的腹部由十二个体节和一个尾节愈合而成，头胸部最后一对足呈桨状，适合于水中游泳。

扁海百合

生活在三亿一千万年前的海洋里，身体呈扁形，并有细长的茎骨板。

板足鲎

生活在大约四亿二千万年前，与桨足鲎外貌相似，体分头胸部和腹部，头部由六个体节组成，腹面有六对附肢，最后一对呈板状，用来游泳。

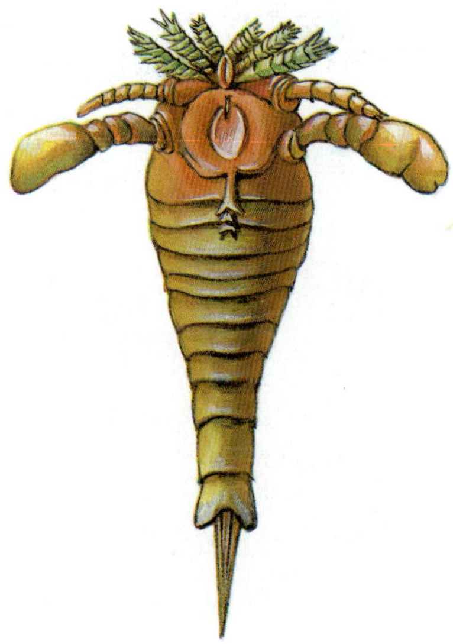

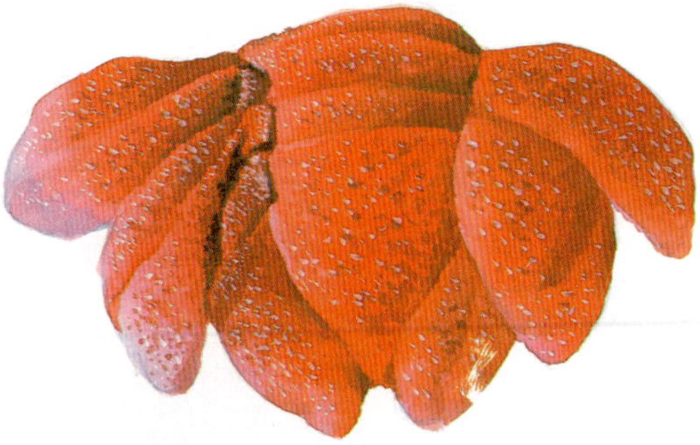

饰裙三叶虫

生活在大约四亿七千万年前，和一般三叶虫的区别是身体尾节的后侧长有边刺，其形状好似装饰的裙子，因此得名。

斑泳蟹

生活在三千七百万年前，体长可达13厘米，螯钳一大一小。这种蟹善于在水中游泳，也常在沙岩地上爬行。

多皱珊瑚

生活在大约三亿八千万年前的海洋里，形状各异，外貌有点像糕点，身体上有许多皱纹，通常固着在海底生活。

华丽海百合

生活在大约三亿八千万年前的海洋里。外形像海胆，身上饰有华丽的花纹。

菊石

生活在六千七百万年前，是鹦鹉螺、乌贼的近亲。壳体旋卷，可超过8.5厘米，壳上有许多瘤状突起。由于菊石演化很快，是指示地层时代的重要标准化石之一。

欧洲长棘螺

生活在二至三百万年前，体长约2.4厘米，外壳美丽，它最后的一层叫螺体层，很大，上有长短不一的棘突。

蛾螺

生活在一千二百万年前，螺体可达11厘米，是一种大型螺类。螺内面光亮，外面有许多横纹。

大腕贝

生活在大约四亿年前的海洋里，腕足动物，与蛤、蚌等是远亲。背腹各一瓣贝壳，贝壳两侧上有两个突起，好像两个角。

无细孔腕贝

生活在四亿四千万年前的海洋里，与大腕贝同属于腕足类动物。不过它的贝壳较小，只有2.8厘米长。

古椎鱼

生活在三亿五千万年前，是今天古生物学家了解很少的一种古代鱼。它的外貌十分奇特，头、躯体和尾巴都不像一般的鱼。

骨鳞鱼

生活在三亿五千万年前，是总鳍鱼类的祖先。身体细长呈纺锤状，头部覆盖着骨板，身上有厚重的斜方形鳞片，胸鳞紧靠在头后，腹鳍在身体后部的位置上，脊椎有环状椎体。尾巴是歪的。

拱形斧足贝

生活在大约三亿七千万年前，是一种双壳贝。贝壳稍呈拱形，伸出的肉足像斧子，因此得名。

半环鱼

生活在三亿五千万年前，是一种无颌鱼。体长一般不超过30厘米，头部有一块结实的硬壳，躯体有骨板保护。栖息在河流、湖泊中，以吸盘状的口吸食细小食物。

莫氏鱼

生活在四亿年前的海洋里，是一种无颌鱼。个头较小，身体细长呈管子状。头部前端有一个吸盘状的口，眼后、头的两边各有一排圆形的鳃孔，还有一条用来游泳的尾鳍。

双鳍鱼

生活在三亿五千万年前的大陆水域中，是最早的一种肺鱼。身体呈长纺锤形，身上有大而厚的圆形鳞片，末端是一个粗壮的歪尾。以水生植物和小型无脊椎动物为食。

鳕鳞鱼

生活在三亿五千万年前，是现代肺鱼类的祖先。身体呈纺锤状，头小，眼眶大，头部覆盖着骨板，有紧密排列的椎状牙齿，只有一个背鳍，尾巴上有厚重的鳞片。

真掌鳍鱼

生活在三亿五千万年前，是一种淡水鱼。身体细长，以水生动物为食。从它的骨骼和鳍的结构来看，有人认为它是早期两栖动物的直接祖先。

鳍甲鱼

生活在三亿五千万年前。盾皮鱼类。背腹扁平，身体前部有一个沉重的头盾，前端呈尖头嘴状，头盾后缘正中有一根向上竖立的刺状长棘，胸甲以后则被有骨质鳞，并有倒转的歪尾。

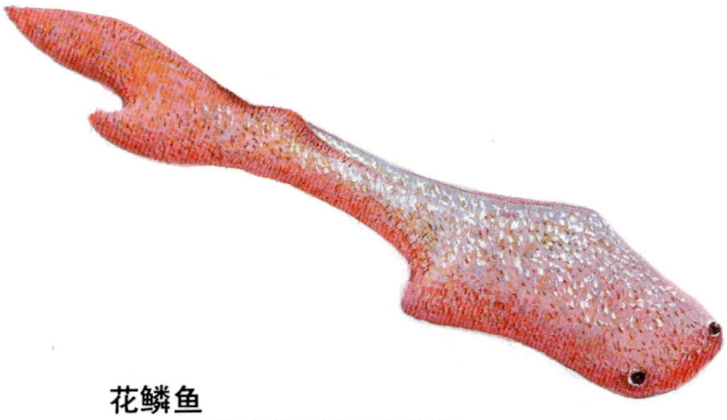

花鳞鱼

生活在三亿五千万年前，身体扁平，前宽后狭，眼睛长在头的两边，尾巴分叉歪斜，身上覆盖着细小的齿状突起。

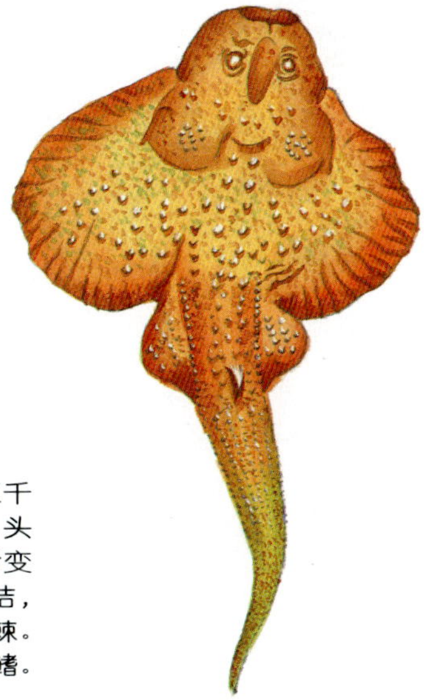

伪　鲛

生活在三亿五千万年前，体形扁平，头部宽阔，渐渐向后变细，体表有许多小结，很像鲨鱼身上的齿棘。并有一对很大的胸鳍。

沟鳞鱼

生活在三亿五千万年前。身体前部有一个六边形的头盾，口小，位于腹面，胸鳍分为两节，中间有关节相连。后部是一个体盾，并有一对像蟹脚的附肢。

尾骨鱼

生活在三亿五千万年前，体长约30～60厘米。形状和现代鱼相似，但头部和肩部有沉重的硬骨，颈部有关节，所以又叫它“节颈鱼”。

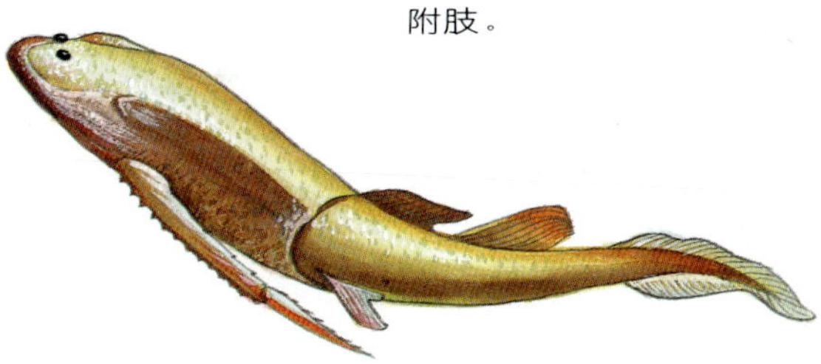

裂口鲨

生活在三亿五千万年前，个头较小，眼睛很大，体长约1米左右，外貌和某些现代鲨鱼相似，对环境适应能力较强，现代的鲨鱼由它变化而来。

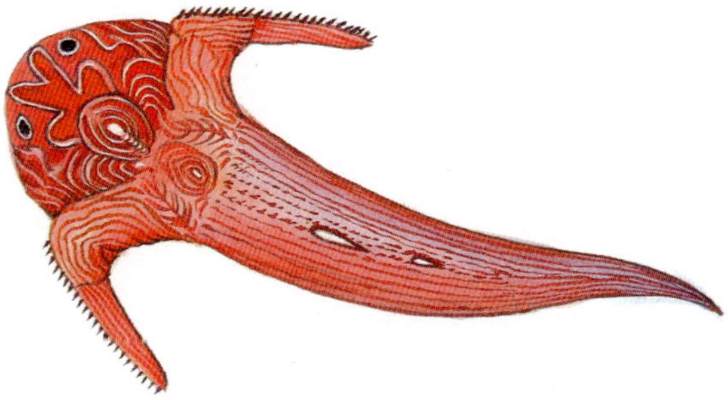

月甲鱼

生活在三亿五千万年前，有一个强壮的骨质头盾。头盾后面是胸盾，上有一对很大的棘。身体表面有大鳞片组成的硬壳，行动迟钝。

翼甲鱼

生活在四亿零五百万年前。背部有一行显眼的背刺，尾部呈倒歪型，善游泳，以水面浮游生物为食。

异刺鲨

生活在二亿三千万年前的河流和湖泊中，是一种淡水鱼。在它的头顶上，有一根向后伸出的长刺。

迷齿螈

生活在二亿三千万年前的古两栖动物，体长可达1.8米，头部硕大，体躯臃肿，后腿十分强壮。常出入在溪流、江河和湖泊里，也能在陆地上活动。不但吃鱼，还会捕食陆生动物。

巨头螈

生活在二亿三千万年前，体长约40厘米，有一个沉重的头骨和一个红色的耳凹，四肢粗壮，尾巴较短，背部有由骨质鳞片重叠的甲胄，用来防御食肉动物的侵害。以陆地上小动物为食。

笠头螈

生活在二亿三千万年前，幼年时头呈圆形，随着生长，头骨向两边快速长大，形成很宽阔的箭头状，最大的体长可达1米以上。它虽是一种两栖动物，但主要生活在溪流和池塘的水底。

加拿大沟鳞鱼

生活在三亿五千万年前，因其化石最初发掘于加拿大而得名。是一种小型盾皮鱼类。身体的前部有一个六边形头盾，后面是体盾。眼睛长在头盾顶面，口小，位于腹部。胸部还有一对尖长的附肢，生活在河底。

蜥螈

生活在二亿三千万年前，它的身体构造介于爬行动物与两栖动物之间，是一种原始、小型的爬行动物。古生物学家常常用它为例子， 来说明爬行动物起源于两栖动物的道理。

假鳄

生活在一亿九千五百万年前，是槽齿类爬行动物。身体粗长，背上有明显棱起，用四足行走；头部较短，眼睛很大，鼻尖上翘，牙齿常露出嘴外。

蛇螈

生活在二亿三千万年前，是介于两栖动物和爬行动物之间的类型。没有腿，尾部与黄鳝很相似。

双椎螈

生活在二亿三千万年前，外形和笠头螈相似，体长约60厘米，头部呈三角形，背部有三条纵棱，以小动物为食。

鱼石螈

生活在三亿五千万年前，是地球历史上最早的两栖动物。体长约90厘米， 身体腹面还保留着鳞片，尾巴也像鱼尾，但无胸、腹鳍，四肢粗大，能上陆活动，是一种总鳍鱼类向两栖动物发展的过渡类型。

石炭蜥

生活在二亿八千五百万年前，是祖先型鱼石螈的早期后代。身体很长，尾部约占一半。每一个椎骨由一前一后二个圆盘组成，分别称为椎间体与椎侧体，所以叫它并椎两栖动物。

狂齿鳄

生活在一亿九千五百万年前，体长可达3米以上，性情凶恶贪婪，常常潜伏在溪流和湖泊中，仅将鼻孔露出水面，捕食鱼类或其他动物。

德鳄

生活在一亿九千五百万年前，是最早的古鳄类之一。身体和四肢都很粗壮，既能在水中活动，又能在陆地上爬行。

依卡洛蜥

生活在一亿九千五百万年前的北美洲，外貌与现在飞蜥很相似。胸廓的肋骨特别长，支撑着皮膜，好像鸟的翅膀，使它能在树间滑翔，细长的尾巴可起平衡身体作用。

有角鳄

生活在一亿九千五百万年前，身体可超过3米，外貌和现代鳄十分相似，性情凶恶，身体全部由坚硬的甲片所包裹。

喙头蜥

出现在一亿九千五百万年前，又叫楔齿蜥，体长约75厘米，形似蜥蜴，体淡黄绿色或黑色，主要夜间活动，吃蠕虫，蜗牛、昆虫等。今天在新西兰仍生存着，有“活化石”之称。

恐 鳄

生活在六千七百万年前，体长可达12至15米，是古鳄类中最大的一种，能捕食和它同时代的恐龙。

原颚龟

生活在一亿九千五百万年前。体形和现代龟相似，不同的是它有牙齿，头不能缩进龟壳里。

粒背海龟

生活在二亿年前，身体长约70厘米，因背甲上有许多大小不一的圆形粒状突起而得名。四肢呈桨状，适于在水中活动，以鱼、虾、蟹、贝等水生动物为食。

中　龙

生活在二亿三千万年前，身体细长，有一条长而灵活的尾巴。上下颌有许多长而锋利的牙齿，是一种适合捕食鱼类的小型水生爬行动物。

巨海龟

生活在六千七百万年前，个头巨大，身体全长可达4米。四肢十分发达，呈桨状，适合在水中游泳，以植物为食。

犬颌兽

生活在三亿二千万年前，外貌有点像狗，故名。是一种很接近哺乳动物的爬行动物，性情活跃，喜欢肉食。

板齿龟

生活在二亿年前，体长约1米。颈部和尾巴上长有许多齿状突起，背甲是坚硬的骨板，用来防御敌害。

鱼　龙

生活在七千多万年前，体长一般约 2 米，最大的一种体长可达20多米，外形与海豚或鱼相似，是当时海洋里称王称霸的爬行动物。两眼炯炯有神，视觉和听觉良好，主要捕食鱼类。

板齿龙

生活在一亿九千五百万年前，体长在20～150厘米之间，头部圆形，上下颌长有短齿，趾间有蹼，以鱼类或其他水生动物为食。

小有鳍龙

生活在六千七百万年前，体长约 3 米，背脊上有一行鳍状突起，四肢呈桨状，适合在水中活动，捕食鱼类等水生动物。

鳍龙

生活在一亿三千七百万年前，体长约3.5米，上下颌长有许多尖齿，四肢呈桨状，适合在水中活动，捕食鱼类等水生动物。

大有鳍龙

生活在六千七百万年前，体形硕大，体长可达11米。四肢呈桨状，适合在水中活动，捕食鱼类等水生动物。

斑鳍龙

生活在六千七百万年前，体长约 3 米，身体上有明显的斑纹，四肢呈鳍状，适合在水中活动，捕食鱼类等水生动物。

翼龙

生活在六千七百万年前，体形庞大，双翼展开可达 7～8 米，常在空旷的水边成群飞翔，啄取鱼类为食。

克柔龙

生活在一亿三千七百万年前，是一种颈部较短的蛇颈龙。体长可超过12米，体形好像圆桶，四肢扁平呈鱼鳍状，用来划水前进或控制前进方向。

双冠龙

生活在一亿三千七百万年前，体长近 6 米，是一种较大的食肉恐龙。因头顶两边各有一个冠状突起而得名。

多棘中龙

生活在一亿九千五百万年前，体长约40厘米。嘴巴很长，上下颌都长有尖齿。背部有许多棘刺。四肢上的趾间有发达的蹼，适合在水中活动，捕食鱼类等水生动物。

疾走龙

生活在六千七百万年前，体长约近 2 米，是一种小型食肉恐龙。后腿细长有力，奔跑迅速，常常会偷食原角龙的蛋。

节 龙

生活在六千七百万年前的海洋里，是一种凶猛的原始大蜥蜴。体长可达到 15 米，喜欢吃贝类。尾巴扁而长，可在水中左右摆动，推进身体前进，而鳍状的四肢能保持身体平衡和控制方向。

喙头龙

生活在二亿多年前，口中长有钳状牙齿。这种爬行动物，曾经一度繁盛，广泛分布在各地，但到了恐龙时代的初期，便已经灭绝了。

腔骨龙

生活在一亿九千五百万年前，是一种小型的恐龙，体长仅 1 米，身体轻巧，骨头的中间都是空心的。外貌像鸟，用两只强壮的后足行走。前足较短，用来攀爬和掠食。

剑龙

生活在一亿三千七百万年前，身长有 6 米左右，头小、颈短，背部弓起，四足行走，后肢比前肢长。背脊中央有两排交错排列的三角形骨质板，尾部有两对长长的骨质刺棒，用来御敌。

喙嘴龙

生活在一亿三千万年前，是一种能飞行的恐龙。体长约60厘米，上下颌上有尖齿，喜食鱼类。翼骨间有翼膜，像鸟类的翅膀。尾巴很长，末端有一个舵状的皮膜，所以又叫它“舵尾喙嘴龙”。

永川龙

生活在一亿四千万年前，是大型食肉恐龙。身长8米，站立时高4米，牙齿锋利，爪大而尖，靠后脚行走。化石发现在四川省永川县。

腱龙

生活在一亿九千五百万年前的北美洲。虽然身体庞大，但缺乏自卫能力，常常会遭到比它小得多的恐爪龙的攻击。

基　龙

生活在二亿三千万年前。背部也有一排棘棒，上面还装饰着许多短侧刺或横梁看上去像老式的船帆。

原角龙

生活在六千七百万年前，是最原始的一种角龙。没有角，头骨前部深窄，形成鹦鹉那样的喙嘴。头骨后部顶骨和鳞骨向后扩张，形成一个披风状的骨板，掩盖了颈部和肩膀。

长颈龙

生活在一亿九千五百万年前，其化石发现于欧洲。颈部特别细长，据研究，长颈龙是一种古老的蜥蜴。

三角龙

生活在六千七百万年前。头部硕大，上面长有三只角，二长一短，是用来自卫的武器。

自贡峨眉龙

生活在一亿五千万年前，因在我国四川省自贡市沙河坝发现其化石而得名。身长约14米，体重约30吨。生活在沼泽、河湖之中，以植物枝叶及淡水中的软体动物为食。

长棘龙

生活在二亿三千万年前，从颈部到尾部长有许多棘棒，中央最长，支持着一层皮膜，状如船帆。有人说这种“船帆”构造用来吓唬敌害，也有人认为以此来调节体温。

皱三角龙

生活在六千七百万年前，体长可达 7.5米，头上长有三只弯曲的角。体躯表面多皱，所以叫它皱三角龙。

龙栉龙

生活在六千七百万年前，体长约有 9 米，头上具有空腔。它的行为有点像现在的哺乳动物。

鹦嘴龙

生活在六千七百万年前，体长约 2 米，是早期角龙类恐龙，以两足行走，后肢较长；前肢较短，而且可像人手那样握住东西。嘴巴似鹦鹉的嘴喙，喜欢吃昆虫和果子等。

鸟鳄龙

生活在一亿九千五百万年前，体长约一米，用两只后脚行走，跑步时可用尾巴来平衡身体。以昆虫或小蜥蜴为食。

偷蛋龙

生活在六千七百万年前，体长约 2 米，是一种小型食肉恐龙。因常常偷吃原角龙的蛋而得名。它的嘴上虽然没有牙齿，但是能够利用骨质的嘴将食物磨碎。

虚骨龙

生活在一亿九千五百万年前，体长约 3 米，是一种食肉恐龙。它主要靠后脚行走，前肢有强有力的利爪，用来捕食小型蜥蜴。

棱背龙

生活在六千七百万年前，体躯笨重，四肢粗壮。背部有许多棱状骨质突起。在遇到敌害时，将肚子紧贴地面，卷成一团，敌害就无法捕食它。

冠 龙

生活在六千七百万年前，体长可达10米，是鸭嘴龙类中最著名的恐龙。头上有一个鸡冠般的头冠，中空，与鼻孔相通。据说头冠内有发达的嗅觉细胞，所以嗅觉很灵敏。

头甲龙

生活在六千七百万年前，体长可达7米，身体背部覆盖着一层坚厚的骨板，尾部末端有一个大骨块，形成了一个锤头。当敌害逼近时，就用这沉重的锤头去抵御。

肯龙

生活在一亿三千七百万年前，是剑龙类的一种。头小体长，后腿比前腿长。背脊前部有两排三角形的骨板，后部有两排骨质刺棒。如果遇上食肉恐龙来侵犯，它会挥动尾巴，用刺棒回击。

伶盗龙

生活在六千七百万年前，体长约2米，是一种小型食肉恐龙。性情凶猛，后肢发达，上有锐利的趾爪，奔跑速度快。前肢可以像人手一样抓东西。

异齿龙

生活在一亿九千五百万年前，体长约1.2米，是一种吃植物的恐龙。因为它的牙齿有三种不同的构造，所以叫它异齿龙。

刺盾角龙

生活在六千七百万年前，体长可达 5.5米，是一种吃植物的恐龙。头上长有许多长刺，可以用来吓唬敌人，看起来很壮观，有人叫它“多角恐龙”。

加斯莫龙

生活在六千七百万年前，体长可达 5 米，头盖后缘近于方形，两侧长有许多骨质小刺。通常群居在一起，遇到食肉恐龙来袭时，会围成一圈，保护好小恐龙。

跃龙

生活在一亿九千五百万年前，体长可达12米，是最大型食肉性恐龙之一。后腿特别强壮，用来行走。前腿较小，用来取食。

盔龙

生活在六千七百万年前，身长可超过 9 米，后腿粗壮、脚掌阔大，主要用两只后足行走。前颌骨和鼻骨在头顶上形成一个高高的盔甲状突起，因此得名。主要生活在水里，也能上陆觅食。

梁龙

生活在一亿三千七百万年前，个体最长可超过25米，是已知最长的恐龙。体重约10吨左右。鼻孔位于眼睛之上。当陆上敌害攻击时，它就逃入水中躲藏，头顶上的鼻孔不会被水淹没，便于呼吸。

霸王龙

生活在七千万年前，体长可达17米，站立时高达 6 米，体重有 8 吨以上。是最大的食肉恐龙之一。嘴巴张开可咬住篮球那么大的物体，颌上有匕首状的牙齿，性情极为凶猛。

肿头龙

生活在六千七百万年前，体长可超过4米，头顶肿大，好像长着一个巨瘤，用两条粗壮的后腿走路，是鸟脚类恐龙的一种。

鹅 龙

生活在六千七百万年前，体长约10米，是鸭嘴龙类中的一种。

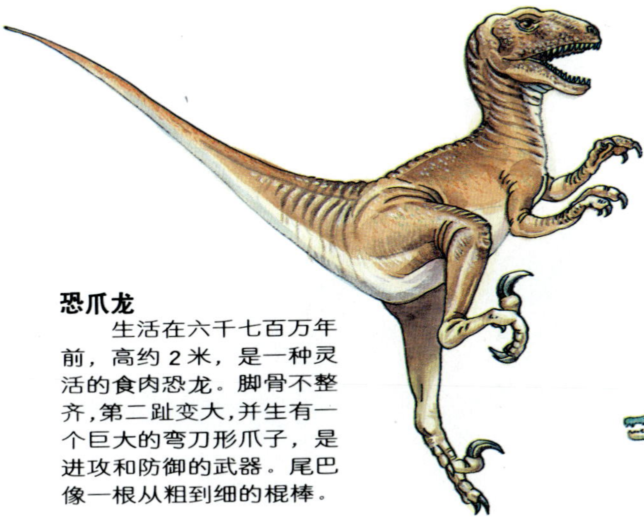

恐爪龙

生活在六千七百万年前，高约2米，是一种灵活的食肉恐龙。脚骨不整齐，第二趾变大，并生有一个巨大的弯刀形爪子，是进攻和防御的武器。尾巴像一根从粗到细的棍棒。

幻龙

生活在一亿九千五百万年前，四肢上有发达的蹼，能在水中游泳。颈长，可自由活动，从它的颌骨和牙齿来看，是以捕捉鱼类为食的。

拟棘龙

生活在六千七百万年前。前颌骨和鼻骨在头顶上形成一根长长的管状嵴。好像一只角。嵴的中间是空的，有人推测可以扩大发声音量和改善嗅觉。

禽龙

生活在六千七百万年前，体长可超过8米。后腿粗壮，像柱子，前肢的大拇指变大，好像尖利的钉子，可以用来抵御敌害。

钜齿龙

生活在二亿三千万年前，体长3米以上。尾巴很短，四条粗壮的腿用来支持其身体的巨大重量，脚短而宽阔，便于在地上行走。从它的细小牙齿来看，这种动物是吃植物的。

巨扁肯氏兽

生活在二亿三千万年前，身体短宽，肢体粗大，上有许多粒状突起，头大尾短，上下颌骨的外表很像现代龟类的喙。

楔齿龙

生活在二亿三千万年前，是一种凶猛的食肉恐龙。前颌骨，上颌骨和下颌骨的前端，有巨大的匕首状牙齿，嘴能张得很大，咬合有力，可以捕食大型脊椎动物。

甲龙

生活在大约一亿年前，体长可达6米以上，背部宽大。头顶和整个背部有一层坚厚的多边形骨板。体躯两侧有长骨刺，尾部末端有一个锤头状大骨块。

须基龙

生活在二亿八千五百万年前，脊椎棘很长，上有不规则的许多短刺，有点像船帆。这种帆状结构对动物有什么意义，至今还不清楚。

二齿兽

生活在一亿九千五百万年前，化石发掘于南美洲。体躯臃肿，四肢粗壮，头的前端有鸟嘴那样的喙，尾巴较短，是一种似哺乳类的爬行动物。

鱼　鸟

生活在六千七百万年前，个体不大，有强劲的翅膀，飞行本领很高。嘴长，口内有牙齿，常在海洋上空迅速飞行，捕食鱼类。

始祖鸟

生活在一亿三千七百万年前，是早期的一种鸟类。它的大小如乌鸦。有羽毛，前肢虽然已成为翅膀，但还有分开的指爪。嘴里长有牙齿，与爬行动物接近。因此，始祖鸟被认为是爬行动物进化到鸟类的过渡动物。

钝嘴巨鸟

生活在三千七百万年前，体高在2～3米之间，嘴巴短钝，双足强壮，适应在地面上行走。翅膀退化，不会飞行。以小动物为食。

黄昏鸟

生活在六千七百万年前，体长约有 1.5 米，足上有蹼，能划水，是一种潜水鸟类。嘴内有牙齿，常在海滨捕食鱼类等水生动物。

斑恐鸟

生活在17世纪以前。大型走禽，体高有 3 米，胸平不突起，颈部和胸部上有椭圆形斑纹，翅膀退化，不会飞行。

恐　鸟

它是已知六种恐鸟中的一种，体高可达3.5米，胸平不突起，双足强壮，善于奔走，不会飞行，在17世纪末灭绝。

巴塔哥尼亚巨鸟

生活在一千二百万年前，化石发掘于拉丁美洲的巴塔哥尼亚高原，外貌与阿根廷巨鸟相似，虽然翅膀稍大一些，但也是一种只会行走而不能飞行的鸟。

鹰头鸟

生活在三百万年前，体高约2米，有巨大的爪，头部硕大，嘴巴强壮而弯曲，是一种猛禽。

束柱兽

生活在一千二百万年前的日本海边，体长约2米，平时在水中游泳，也能在陆地上匍匐行走，主要以杂草为食。

阿根廷巨鸟

生活在一千二百万年前，化石发掘于拉丁美洲的阿根廷。嘴巴宽大似鹦鹉嘴，翅膀严重退化，不会飞行。但两条腿长而粗，善于在地面上奔跑。

江苏泗洪醉猿

生活在二百万年前，因其化石发掘于我国江苏省泗洪地区而得名。是长臂猿的祖先，但个头略矮。栖息在树上，善用双臂抓住树枝行走。性机警。

原蹄兽

生活在三千七百万年前，体长约1.5米，头部和尾巴都很长，四肢短而笨重，行走缓慢，常在森林或热带平原上活动，以植物为食。

轭齿鲸

生活在三千七百万年前的海洋里，体长可达 24米，前肢桨状，用来划水前进，后肢完全退化。它的口中有锐利的牙齿，捕食鱼类等海生动物。

剑齿虎

生活在一万二千年前，外形和大小与现代的虎差不多，但上犬齿比现代虎发达，锐利如短剑，嘴巴能张得很大，可以捕食大象、犀牛等厚皮动物。

钝脚兽

生活在二千万年前的北美洲和亚洲，外貌像一只有脚爪的马。脚爪强劲有力，主要以植物根部和地下块茎为食。

恐角兽

生活在三千七百万年前，是早期最大的食草哺乳动物之一。体躯粗大，四肢笨重，脚又阔又短。在嘴巴两边，各伸出一个长长的匕首状犬齿。

双门齿兽

生活在一万二千年前的澳大利亚，体形大如河马或犀牛，十分肥重，是已知最大的有袋类动物。

猛犸

生活在一万二千年前，因全身长着棕色长毛，所以又叫它“毛象”。大小与现代大象差不多。上门齿特别长，露出嘴外，没有下门齿。我国东北三省及内蒙古、宁夏等地都发现过它的化石。

并角鹿

生活在一千二百万年前，个头不大，四条腿细长。一对角长在眼睛上方，鼻子上有两只长而分叉的角。相貌十分奇特。

古鼷鹿

生活在三千七百万年前，体形和一只野兔差不多，四条腿较长，背脊拱起，有一条长尾巴。生活在密林深处，以植物为食。古鼷鹿是当今东方鼷鹿的祖先，它的后代仍然保留祖先的身体外形和生活方式。

真岳齿兽

生活在二千六百万年前，体形和今天的绵羊差不多，身体较长，四肢较短，脚上有四个趾，常成群在地面上觅食和活动。

雕齿兽

生活在五百万年前，身上有坚固的骨板组成的硬壳，貌似龟壳。头顶也盖着厚壳。尾巴由同心骨甲环组成。腿和脚都很粗壮，支撑着臃肿笨拙的身躯。

雷兽

生活在二千六百万年前，身高可达2.4米，头上长有一对巨大而相连的角，形状像槌，可以攻击敌害。尾巴细短，与巨大身躯很不相称。

石爪兽

生活在一千二百万年前，体形与现代马差不多，脚上有爪，形状像石块，所以叫它石爪兽。

小古驼

生活在二百到三百万年前，身体轻巧、四肢很长，奔跑迅速。其生活习性近似现代的羚羊。

巨猪

生活在二千六百万年前，身体有1米高，个头比现代的野猪还大一些。

郊猪

生活在三千七百万年前，个头和家兔差不多，身体较长，四肢较短，趾上长爪，它能够十分灵活地攀爬树木。

沙加兽

生活在三千七百万年前，通常出没于峻峭的山区或树林里，以食草为生，是现代蹄兔的祖先，但在亲缘关系上和鼠类更接近。

栉齿鲸

生活在三千七百多万年前，体形庞大，外貌和现代鲸差不多，但鼻孔长在头部前端，牙齿长得像梳子。主要吃鱼类。

高骆驼

生活在二百到三百万年前，四肢和颈部特别长，头部离地可超过3米，适应于吃树上的嫩叶，所以人们又叫它“长颈骆驼”。

箭齿兽

生活在二百至三百万年前，体高可超过 1.8米，是一种大如犀牛的哺乳动物。体形硕大，每天要吃大量植物。

古长颈鹿

生活在二百到三百万年前，外貌和今天非洲扎伊尔的獾猕狓十分相似。现代的长颈鹿就是由它进化而来的。

埃及重脚兽

生活在三千七百万年前，大小似现代的犀牛，身躯笨重，四肢粗壮，脚宽阔而展开，头上有一对巨大的、并列生长的角，身后有一条细短的尾巴。

冠齿兽

生活在六千万年前，外貌近似现代的貘。有一副笨重的骨架，尾巴很短，四肢强壮，脚宽，行走缓慢。但颌上长有锐利的剑状牙齿，露出嘴外。

尤因兽

生活在三千七百万年前，身躯硕大，体形接近现代非洲的白犀牛。头顶上有六个角；两个小角长在鼻子上，另有四个分别长在犬齿上和头的背部，上犬齿很大，伸出嘴外，形象奇特。

西洼兽

生活在二百到三百万年前。头背后有二个巨大的叶形骨质角，眼睛上方还长有两个较小的圆锥形角。

地　獭

生活在一万二千年前的美洲南部，体高通常约1米。最大的地獭，有一头小象那么大。主要吃树木的叶子。

后弓兽

生活在一万二千年前，体高约1.5米，背脊直，颈和四肢很长，有一个能伸缩的鼻子，在水中活动时可以伸出水面呼吸。以植物为食。

远角犀

生活在二百到三百万年前的古犀牛。体形笨重，四肢粗短。鼻子上长有一个短小的角。有人认为，今天生存在印度和爪哇的单角犀牛，是从它进化而来的。

始祖马

生活在五千万年前，大小和狐差不多，是马类的祖先。四肢细长，靠脚趾行走。背部稍向上拱曲，尾巴较短。虽然吃草，但不能像现代马那样大口咀嚼。

大角鹿

生活在三百万年至一万二千年前的爱尔兰地区。经常活动于泥炭沼泽地，这种古鹿的角大得惊人，角面的宽度，通常有2.5米，所以叫它大角鹿。

恐齿象

生活在一千二百万年前，站立时高可达5米。有一条挥动自如的长鼻，可以卷起敌害摔出十多米外。下颌却长着一对由门齿演化而来的大象牙。

原始食虫兽

生活在六千七百万年前，鼻吻较长，四肢较短，主要吃昆虫和蠕虫。除有袋类动物（如袋鼠）和单孔动物（如鸭嘴兽）外，一般哺乳动物都是由它进化而来的。

巨古兽

生活在二千六百万年前，体长约 8.5米，体高约 5.5米，是当时最大的一种陆生哺乳动物。它四肢粗壮，三趾，还有一个象鼻状的鼻子。以植物为食。

汛齿兽

生活在三千七百万年前的潮湿地带，体长约有 2.7米，体形笨重，四肢粗短，以植物为食。

长颌乳齿象

生活在二百至三百万年前，体高约 3 米，鼻吻较长，一对象牙向下前方伸出。下颌前面另有一对水平伸出的象牙。以植物为食。

始祖象

生活在四千七百万年前，是最早的长鼻类动物。体高近 2 米，以植物为食。

袋剑虎

生活在二百至三百万年前的美洲南部，体长约 2 米，外貌近似剑齿虎，头部较窄，上犬齿很长，形似刀子，而下颌有一块凸起的骨片，闭嘴时可以保护上犬齿。

黄河象

生活在二百多万年前。因其化石发掘于我国甘肃省东部的黄土高原而得名。外貌与现代象接近，体长 8 米，身高 4 米，一对门牙约长 3 米。是目前世界上已知个体最大的剑齿象。

猫形食肉兽

生活在一千二百万年前，体长约 1.2米，身上有花斑，尾巴粗长，外貌像现代豹，犬齿长，以捕杀动物为食。

指狗

生活在二千六百万年前，体长约60厘米，是一种早期狗形食肉兽，被认为是狗科动物的祖先。

古食肉兽

生活在三千七百万年前，体长约 1.2米，四肢粗短、趾末端有尖锐的爪，以猎取其他动物为食。

拟指狗

生活在二千六百万年前，体长约有一米，外貌近似指狗，犬齿锐利，以捕杀其他动物为食。

嵌齿象

生活在二百至三百万年前，体高约 3 米，体形近似长颈乳齿象。下颌伸长，上面有一对并列的象牙，上颌的象牙向下前方伸出。以植物为食。

古裂脚兽

生活在五千万年前，有长长的身躯和一条长尾巴。四肢较短，但十分灵活，善于爬树。

巨袋鼠

生活在一万二千年前的澳大利亚，外貌与现生的袋鼠十分相似，但体形要大得多，所以叫它巨袋鼠。

摩尔根兽

生活在一亿八千万年前，是最原始的哺乳动物之一。个头和现在的老鼠差不多。在它的上下颌之间，同时长有爬行动物的方骨和哺乳动物的齿骨，这是哺乳动物由爬行动物进化而来的一个重要证据。

树鼩

生活在七千万年前。外貌像松鼠，是最原始的灵长类动物。

大地獭

生活在五百万年前的南美洲，体形相当于一头现代小象，约有几吨重。腿粗、脚大、脚上长着尖利的爪子，用来挖掘食物，并用后脚两侧和前脚的指关节行走，以植物为食。

古湖兽

生活在三千八百万年前的非洲，体形近似现代猪，头部前端有一个坚韧的长吻。

儿童百科图谱

·生物篇·

周本湘等　编文
张蔚昕等　绘图
阿　兴　装帧
陶建清　版面设计

责任编辑 阿　兴　韩　硕
责任校对 魏昌富　石玲凤
技术编辑 万友明

少年儿童出版社出版发行	开本 889×1194　1/16
上海延安西路 1538 号	印张 10　插页 4
邮政编码 200052	1996 年 12 月第 1 版
全国新华书店经销	1998 年 4 月第 6 次印刷
利丰雅高印刷(深圳)有限公司印刷	印数 42,001－48,000

ISBN7－5324－3090－1/Z·40(儿)　定价:44.00 元